透过细节识男人

一部女人了解男人、与男人相处的指南

焦海利◎著

吉林出版集团股份有限公司

图书在版编目（CIP）数据

透过细节识男人 / 焦海利著. — 长春：吉林出版集团股份有限公司, 2018.7

ISBN 978-7-5581-5230-6

Ⅰ.①透… Ⅱ.①焦… Ⅲ.①男性－修养－通俗读物

Ⅳ.①B825-49

中国版本图书馆CIP数据核字（2018）第134156号

透过细节识男人

著　　者	焦海利
责任编辑	王　平　史俊南
开　　本	710mm×1000mm　　1/16
字　　数	240千字
印　　张	17.5
版　　次	2018年11月第1版
印　　次	2018年11月第1次印刷
出　　版	吉林出版集团股份有限公司
电　　话	总编办：010-63109269
	发行部：010-67208886
印　　刷	三河市天润建兴印务有限公司

ISBN 978-7-5581-5230-6　　　　　　　　　　定价：45.00元

不管是女娲创造了男人和女人，还是上帝创造了亚当和夏娃，反正自从有人类开始，男人和女人就是两个既相同又不同的动物，说他们相同，是因为他们有着类似的长相，大体相似的身体结构，生活习惯等，说他们不同，他们的性情、思想、功能等都不相同。而他们又必须在一起生活，因为作为生物的繁衍天职，不管是缺了男人还是缺了女人，都完成不了。

也就是说男人和女人这两种既相同又不同的生物，不可能独立存在，他们之间必须要有着千丝万缕的联系，所以自从有了男人和女人，就有了爱情这个玄妙的东西。它是连接男人和女人的纽带，是让人升上天堂的天使，也是折磨男人和女人的恶魔。总之，它很复杂，人人都想拥有，人人却都有所顾忌。不过不管怎么样，爱情这个东西是人类的天性，谁也躲不开。所以男人和女人都为了拥有甜蜜的爱情而努力着。但是人的生活不仅仅有爱情，还有各种各样的东西，比如事业、权力，很多男人认为这些东西比爱情重要多了。

有句话叫"男人征服世界，女人征服男人"，听起来女人好像很没出息的样子，一心只有男人，没有别的追求。其实还有一句话"男人通过征服世界来征服女人，女人通过征服男人来征服世界"，男人征服世界的结果最后还是离不开女人，这样一来大家就扯平了。其实仔细想想，征服世界这件事听起来伟大，实际是很虚无的东西，毕竟有几个人能征服世界呢？征服之后又能怎样？从人类是一种动物的本源来说，追求爱情比征服世界来得实际一些。所以女人追求爱情并非弱者，男人征服世界也并非伟大。

或者换句话说，爱情对人类来说才是最真实的东西。爱情对于女人，似乎比男人更重要，也许因为女人在繁衍中承担着更重大的责任吧，自然要更加认真地了解爱情，向往爱情，经营爱情。所以了解爱情，了解爱情的对象——男人，是所有女人的目标，也是女人需要用一生来学习的课程。

　　其实男人这种生物说复杂也复杂，说简单也简单。虽然每个人都不是完全相同的，但也会有一定的共性。抓住男人这些共性对女人经营爱情是很重要的，毕竟如果男人是女人唯一的对手，一个假想敌，只有知己知彼才能百战百胜不是吗？从他的笑容，他的一举手一投足，他的为人处事……处处都能透露出他的一些秘密，拿好我们的放大镜，来仔细研究观察男人吧！相信你会有意外的收获。

CONTENTS 目录

第四章　女人心细，读懂男人心底的秘密

第五章　男人向左，女人向右

第一章

女人慧眼
——透过细节识男人

为了更好地了解男人，发现男人的小秘密，当然更是为了女人自己的幸福，女人需要具备一双慧眼，从男人的种种细节中发现他们隐藏的秘密，不管是眼睛、发型、衣服还是鞋子，都可能向我们诉说着什么。

眼睛
识男人

眼睛是心灵的窗户，要了解男人，可不能忽视它的作用。从眼睛中也许可以发现一些你想不到的秘密。眼睛的不同特征代表着这个人的某些性格特点。

双眼皮

双眼皮男人感情丰富。别人特别是来自异性的一些贴心的举动或嘘寒问暖，总会使他深受感动，因而往往抵抗不了异性的诱惑。

单眼皮

单眼皮的男人个性较为冷静沉着，对感情的表达方式含蓄内敛，即使眼前站的就是平日欣赏或喜欢的人，也会尽可能保持镇定，不露痕迹。虽然为人积极主动，但表现却让人感到冷漠而热情不足。

大眼睛

眼睛偏大的男人个性较为大胆直爽，乐观开朗，对于许多事都感到很好奇。这样的人容易相信别人，自信心强。

小眼睛

眼睛偏小的男人通常个性较为保守谨慎，除非有把握的事，否则不轻易行动。对人对事都有警戒心，不容易相信别人，所以让人感觉个性多猜疑、精明且冷淡。不过眼小的男人，在感情上较为专一，不容易变心，但却容易钻牛角尖。

眼睛突出

有这样眼睛的男人，他们很健谈，只要遇着有相同兴趣的人，会滔滔不绝地与对方说个不停，但这样的男人，有时候会很自大，喜欢按自己的风格做事，很少听取别人意见，不能自我节制，所以也可能因此而遭到别人的反感。

眼睛凹陷

有这样眼睛的男人，个性内向，不喜欢说话，总是保持沉默。虽然心里很清楚，但正因为他不善于言语的表达，可能有时候会吃亏，容易被别人欺负，他们会主动回避人多的公开场合，不喜欢争辩，所以眼睛凹的男人由于性格等原因不适合做销售、业务、公关等方面的工作。

细长眼

细长眼睛的男人，性情忽冷忽热，直觉敏锐，情绪变化明显，是个心性宽大明朗的博爱主义者。

三角眼

眼尾稍微上扬给人一种阴险诡诈的感觉。事实上，有这种眼睛的人，性格较极端，占有欲强烈。当他爱上一个人时，会掏心挖肺地奉献，但由于没有耐性所以很容易立即表达爱意。

三白眼

这种眼睛的男人，属于野心家，直觉敏锐。但是，很难以诚心交友，善恶观念全凭自己的利益而定。有危险性，若与之以兄弟好友相称时，要谨慎。

眼睛的几种特征也可以有不同的组合，综合起来也体现着男人的不同性格。

大眼睛单眼皮

这样眼睛的男人，他做任何事情都很专注，性格开朗、随和，无论什么事情，只要去做，就不会轻易地放弃，会坚持到底，尤其是对工作和感情方面更是执着，这样眼睛的男人，是个好男人，但是他比较喜欢去一些娱乐的场所，不过不要担心，他不会沉溺其中。

大眼睛双眼皮

有大眼睛双眼皮的男人，他乐观，性格外向，表达力强，对事物都有自己的见解，喜欢热闹、人多的场合。对人热情，所以人际关系非常好，有些多愁善感，较为天真没心机；如果眼睛是水汪汪的，如电眼般，则是个"多情种子"，可能会有很多的风流韵事。

小眼睛双眼皮

这样的男人是做事情小心谨慎的人，思维敏捷，反应快，表面看起来很不在意任何事情，但内心却细腻，为了维护自己的形象，会很好地控制自己，所以你想要从这样眼睛的男人那里知道他的秘密，恐怕你要花费一些时间，因为他们在言行举止上都会非常注意。

小眼睛单眼皮

小眼睛单眼皮的男人，他们有时会有一些胆小，性格比较固执，对一些事情不积极，语言的表达能力可能也并不是很好，与他人不能很好地沟通，但不要小看他们，虽然如此，这样的男人对于工作事业、感情都会相当专注，因为坚持，所以都能有自己的收获，这样的男人生活很安逸，喜欢在平淡的生活中自得其乐。

手是男人的身份证

方型手

　　这样的男人像他的手一样方正，虽然由于过于严谨显得有些死板，但是他极有责任感，下定决心要完成的事，必定全力以赴。如果无法在固定的时间内完成，他便会显得很不放心，甚至寝食难安。由于非常重视原则性，他讨厌随便、马虎的情人，没有原则的人，他会离得远远的。他有些顽固，身体健康，有着坚毅和忍耐力。在感情的态度上，也是极为执着而坚持的，这样的人，不会以甜言蜜语来打动情人，而是以实际的行动来证明自己的感情。说一是一的他，一定信守承诺，不会食言而肥。不过在谈恋爱的时候也的确并不浪漫，这种人大概不会买花送情人和吃烛光晚餐，因为这些钱对这种人来说，实在花得太不实际了。

梯型手

　　拥有这种手型的男人，个性和方型手的男人刚好相反。这样的人，讨厌因袭和安逸的日子，什么事都想创新，和别人不一样；墨守成规的生活方式，会令他们感到厌恶，这种人的好奇心十足，喜欢追求新事物，而且变化性是越强越好。就体力而言，拥有这种手型的男女，大多都属于活力充沛、干劲十足的人，性格积极进取，所以在工作和爱情上都经常扮演主动者的角色。另外值得一提的是，这种男人对于爱情的执着程度，绝不会比方型手的男人来得强。

因为天生有着喜新厌旧的性格，因此很容易厌倦两人世界的沉闷。和这样的人交往，一定要给恋情不时地注入惊喜，让这种人觉得精彩和与众不同，才能留住他的心。

圆型手

这种类型的男人，个性爽朗，喜欢开玩笑，性格相当大而化之，是十分外向、开朗的人；这样的人，善于观察他人的心理，社交手腕十分高明。由于先天个性爽朗，是个不折不扣的乐天派，因此他们什么事都会往好的地方想。而在待人处世方面，由于信赖他人，待人又亲切，很自然能博得他人的喜爱。在爱情的态度上，这种人几乎是来者不拒的，所以欠缺一种原则。他们渴望被认同、被喜爱，有时会不惜降低身段来讨好他人，没有什么主见及个性。有这种手型的人，体型几乎都较为娇小矮胖。这种人对于高远的理想不感兴趣，也不喜欢高雅的东西，艺术和音乐对他们而言，不如漫画和流行歌曲来得实在。他们喜欢金钱财富，而且一点都不吝于炫耀。他们是会付出的爱人，而且只要他们追到你，什么都肯付出，尤其舍得花大笔钞票在情人身上，只为博得美人一笑。喜欢吃吃喝喝的他们，最喜欢的约会方式，不外乎是找个能进食的地方，酒足饭饱又有爱人相随，是最快乐不过的了。

长型手

这种手型的男人手掌呈长方型，多半纤细无肉。这样的人，性格十分神经质，也很小心谨慎，处事言行都会三思而后行，反省性强，比较不喜欢和人打交道。和其他手型的男人相比，这种人的戒心很重，不会随便地相信别人，对人性和生命存在着一种悲观和无奈的看法，对爱情的态度也显得十分被动。如果长型手配上丰腴的手掌和手指，那么神经质的现象就会大大地减少，性格上会乐观进取些，大大地修正了原有的不安个性。如果手指干瘪又削瘦，就表示活动力十分差，精力也不充沛。一般来说，长型手的人，多半不太喜欢户外活动，比较钟情于室内的活动。和这种人谈恋爱，应该多安排一点室内活动，喝茶谈天，共同进餐，多进行交谈对话和沟通，这样做不但符合这种人先天的喜好，也可以借着交换心思来博取对方的信任。

[发型
识男人]

　　女人的发型如同服装一样，永远多变、追随时尚。很少有哪个女人会多年留着同样的发型。而男人就不同了，大部分男人都是常年保持着一种发型，也许是男人的发型过于简单，选择余地少，也许是不受潮流左右，但是不论如何，对一个人来说，选择长期陪伴自己的东西必然有一定的理由，能够体现出他的一些隐秘心理和性格特点。男人的发型其实可以阐释很多东西。

时尚发型

　　如果一个男人的发型总是贴近潮流十分时尚，大多是清爽而不失精致的短直发，或是略加烫染的短发，总是给人潇洒的感觉，那么他一定是一个十分精致、讲究生活品质的男人。他喜欢时尚，非常注重自己外在的形象，适应能力强，能够根据客观实际来改变自己。他的脾气通常会很温和，没有攻击性。对于生活，他是积极而乐观的，会主导自己的生活。他的时尚和讲究的外表很能吸引女人的注意，好脾气和绅士风度更会讨女人欢心。然而他过分的随和以及超好的女人缘往往让喜欢他的女人整日提心吊胆。假如爱上了这样的男人，要做好时常吃醋的心理准备，更要不断地完善自己，从外表到内在，需要不断变化，否则他的注意力会很快转移。只有保持长久的新鲜感和越来越完美的外表和内在，才能保证持久地吸引住他的目光。

艺术气息的长发

如果一个男人的发型是飘逸的长直发或长卷发，散发着浓烈的浪漫艺术气质、那么他的性格可能是狂放与含蓄兼而有之，这类人常常会做出一些出人意料的事情，但是在人群中往往又显得有些不合群。他追求个性的自由和内心的奔放，有时甚至言行偏激。他自我意识强，对事物有自己独特的看法，往往听不进去别人的话。他非常喜爱新鲜事物，有着旺盛的求知欲和占有欲。由于对各种事物都有着强烈的兴趣，因此对待爱情有时可能会有些用情不专。他的性格复杂多变，内心敏感。他对于另一半的要求很高，渴望心灵上的沟通，而对艺术的敏感让他有时也会被美丽的外表所吸引。与他相处，爱情可能会浪漫而波澜壮阔，但遭遇波折的机会也很大，需要女人具有相当的包容性。

另类个性发型

如果他的发型非常另类个性，比如夸张的爆炸头或者其他另类独特的发型，那么他的自我表现欲望大多比较强，个性张扬，喜欢出风头，希望自己能够吸引别人的注意。他通常都很开朗活泼，在喜欢的群体中扮演引人注目的角色，交际比较广泛，渴望获得他人的关注。由于自我意识强，又心直口快，常常会不顾及他人的感受，说话直接不懂得委婉。这种极有主见、自尊心强的男人，对于任何事总是收放自如，面对爱情也是一样。如果发现另一半犹豫不决或者出现了第三者，他可能会毫不犹豫地结束这段感情。因为对他来说未来会更好，他很快就会积极主动地去发展另一段恋情。

简单成熟的发型

如果他的发型简单大气，看似低调却又处理得恰到好处，给人一种自信与从容的感觉。这样的男人性格稳健，思想宽容理智。他是一个成熟的男人，有着自我原则，可以把生活处理得井井有条。他往往有着一定的事业基础和自己稳定的交际圈，因此他对自己充满了自信，处理事情总是游刃有余，而他对感情及家庭也是渴求稳定安逸的。他可能更希望有一个以家庭为重的妻子，但是他需要伴侣也要有相当的内涵。和这样的男人相处，不要完全以他为中心，而是保持自我，重视内在修养，既要重视家庭又不能除了家庭一无所知，只有光鲜的外表是不够的。

硬朗的短发

如果他的发型是非常短的短发，发型简单利落，看起来阳刚气息十足，那么他的性格多半很男人，具有十分明显的男性特质，有着强烈的企图心，渴望掌控一切，他相信自己，所以凡事都要自己动手。他攻击性很强，更喜欢控制人，做起事来也很有魄力，具有一定的领导才能。由于男性特质过于明显，使他的感情不够细腻，在处理感情方面的问题时，往往会显得很笨拙，因此很难理解女人细致多变的感情。但正是由于他在感情方面的迟钝，让他对待感情非常执着，一旦喜欢上，就不会轻易放弃或改变。对于这样的男人要以纯女性的温柔去呵护他、顺从他，虽然他不是一个浪漫的恋爱高手，但是却有着可以依靠的肩膀，是能够给女人安全感的男人。

清爽的中短发

如果他有着清爽自然的中短发，没有过多修饰也不会过于硬朗，看起来很阳光，那么他可能是一个性格温和、开朗阳光、个性率真而内心善良单纯的人，有着大男孩般的气质。他有着鲜明的善恶观念，喜欢主持正义。他做事和交朋友都喜欢凭自己的喜好，虽然做事略显莽撞没有计划性，不过率直、本真的个性也会为他带来很多真心的朋友。他相信爱情，对爱情有着执着的追求。面对喜欢的人他可能会变得有些笨拙或者患得患失，但是如果建立了稳定的关系或者说对这段感情有信心之后，他就会很悉心地呵护自己的另一半。他对感情的重视，使他会十分依赖自己的爱人，希望获得越来越多的自信感和被接纳感，女人要让他充分感受到体贴和肯定，才能让他安心。这样的男人会是一个十分可靠的伴侣。

看衣
识男人

不同性格的男人对衣服的偏好也各有不同。这种偏好可能包括他喜欢的颜色、款式、品牌以及穿着习惯等。

在着装上注重细节，整体低调，但善于寻找一些点缀来体现自己个性的男人，肯定是一个时尚精致的男人。

喜爱穿简单朴素衣服的男人，性格则比较沉着、稳重，为人方面表现出真诚和热情。这种人在工作、学习和生活中表现出诚实、肯干、勤奋好学的特点，他们可以用客观和理智的思维来对待任何一件事情。

衣着色调单一，可以认定这个男人正直、刚强、理性，而不是感性思维的人。

那些衣服的色调比较浅的人，他们一般是比较活泼、健谈的人，同时也是属于交际较为广泛的人。

那些衣服的色调比较浓厚的人，一般来讲他们的性格是十分稳重的，他们一般会表现出城府很深的特点，一般比较沉默，凡事深谋远虑，常会有出人意料的行为，这类男人一般是人们难以捉摸的。

那些整日改变自己衣服式样、色调也随时调换得五颜六色、花里胡哨的人，多是喜欢新鲜事物、讨厌一成不变；思维活跃，爱表现自己而乐于炫耀的人，他们一般属于性情中人，有时甚至表现出飞扬跋扈的性格。

那些衣着过分华丽的人，大多都可以判断为是虚荣心和自我显示欲、金钱欲相当强的人。

没有自己固定的风格，喜欢追随流行的人大部分不够成熟，没有自己的主见。没有确立明确的审美观，他们在待人接物方面表现为情绪化，在处世上表现为从不安分守己。

自己根据自己的喜好来选择服装的人，他们一般不跟随时尚潮流，而是有相当的独立性，并有果断的决策力。

对特定服装情有独钟的人，他们的性格一般表现为直率和爽朗，他们有很强的自信心，爱憎、是非、对错往往都十分明确。他们的优点是行事果断，显得十分干脆利落，言必信，行必果。同时他们与生俱来的缺点就是，清高自傲，自命不凡，待人接物时自我意识相当明显，有浓厚的我行我素的成分。

男人的衣着可能会迷惑女人。穿着只说明他希望你看到他的样子，并不一定是他真实的样子。但是一个人总是有着自己的着装风格的。如果你能观察到他的风格和习惯，而不是一两次见面的印象，你就可以知道他是否是个体贴的情人。

穿着招摇而浮华的男人往往非常虚荣，肤浅及自私。这种男人最大的爱好就是表现自己。

比较讲究穿着的男人往往是个好情人，因为他们注重仪表，表现得体而有吸引力，也会重视女人的感受和需求。但浑身名牌的男人并不意味着就会百般体贴，有可能是一种偏执或者虚荣的表现。需要警惕的是物极必反，一个男人过分讲究穿戴就要小心了，这种男人通常过于注重自我，很容易忽略女伴。

而这个男人如果很注意观察你的穿着，会留意你是否穿了条新裙子，或经常赞美你鞋子很漂亮，证明他对你是很关注的，而且他是个感情细腻的人。

$$
\begin{bmatrix}
\text{看鞋} \\
\text{识男人}
\end{bmatrix}
$$

鞋子在衣着中的地位是举足轻重的。既然男人不自觉的穿着习惯能够体现他的个性，这重中之重的鞋子，恐怕是观察、了解男人的最佳途径了。

[穿鞋习惯]

总是购买某种特定款式鞋子的男人，大部分都很恋旧。他会依恋自己习惯的一切人、事、物。就算他的情人无理取闹、任性、孩子气，他也会以一种包容的心态去待她、爱她，直到她渐渐成熟明理。而且他的老朋友很多，对朋友十分讲义气，他会为朋友出头且适时伸出援助之手，让老朋友觉得他是个值得信赖的靠山。因此，你若是爱上了他，成为他的"另一半"，不妨多倾听他的烦恼，多体贴他，彼此的情感要以稳定成长的方式进行。并且，别忘记要和他的老朋友打成一片，拥有共同的话题。

对自己最喜爱的一款鞋子一直穿下去，如果换鞋，那是这双鞋子坏了后的事情，这种人的思想是相当独立的。他们清楚什么是自己喜欢的，什么是自己不喜欢的，他们对自己的感觉很重视，而不会过多地在意他人怎样看，属于"走自己的路，让别人说去吧"的人。他们做事一般比较小心和谨慎，在经过仔细认真地考虑以后，要么不做，要做就会全身心地投入，把它做得很好。他们对自己的亲人、朋友、爱人的感情都是相当忠诚的，没有什么可以让他们做出背叛的事情。

买一双鞋子之后，他会非常珍惜它，希望鞋子能穿久一点，可以节省一笔置装预算。而他鞋柜中的鞋子，"鞋龄"都很长，让你印象深刻。在个性上，他是属于拘谨、放不开的保守型男人；在为人处事上，不够圆滑，常常会得罪人而不自知；在人际关系上，周旋的格局较小；在专业领域中，他会因默默努力，而获得成功机会。因此，你若是爱上了他，小心！他可是一位"内心热情"的男子。第一次约会时，他的心中就对你有着无限的遐想，希望能早日和你变成情人，能一拍即合，亲密无间。但他那拘谨、保守的个性，又压抑着他内心的波涛汹涌，不敢向你表白，使你摸不清他真正的想法。所以你不妨主动一些，多制造机会让他可以表白，更能加速你们彼此的情感温度，迈向人生的另一个阶段。

有的男人不在乎自己穿什么鞋子，乱穿一通。有的时候鞋子与衣服一点儿也不相配，哪怕是鞋子早已破损、式样过时，他也无所谓，甚至不穿袜子、袜子已破损、穿错，他都可以忍受。在个性上，他是个不拘小节的男人，常常眼高手低，私生活没什么条理，又喜欢做白日梦，相信总有一天自己可以一步登天，过着自欺欺人的生活。约会时，他注重的是物美价廉的消费，除非他自己想要吃顿大餐，否则他绝对不会主动邀约。你若是爱上了他，会发现他的感情世界纷乱复杂，常常是忘记不了旧爱，又拒绝不了新欢。三角恋、四角恋纠缠一起，而当一切纷争引爆时，他会选择"逃开"。这种躲避现实的方法，令爱他的人痛苦不堪。所以要小心，别太快爱上这种男人！

[男人偏爱不同类型鞋]

偏爱正统皮鞋

这种类型的男人习惯穿正统黑皮鞋，并且把鞋子擦得亮亮光光，绝对不能忍受自己穿双脏鞋子或旧鞋子出门。这种类型的男人，若是连休假或约会都习惯穿他那正统的黑皮鞋，你可要有心理准备，他肯定有不折不扣的大男人主义倾向，而且对母亲的意见十分看重。你必须赢得未来婆婆的喜爱，才有可能从他的女朋友变成他的妻子。你若是爱上他，可别有想左右他的想法，他有一套属于自己的待人处事原则，绝对不会因为你而改变。他反而会要你认同他的看法，甚至包容他的一切。

偏爱休闲鞋

这种类型的男人是注重休闲生活和生活品味的男人，对于鞋子要求很高，不但要舒适，而且更注重鞋子的款式，还要搭配合适的服装。在个性上，他喜欢掌握主动权，主观意识强，对自己的要求很严格，对异性的要求更是挑剔。在生活上，是个有规律的计划者，但是偶尔会在圣诞夜或生日舞会中狂欢。和他约会时，你可以感觉到他是个十分体贴的好情人，态度温和有礼，言谈风趣幽默，很容易将约会气氛变得融洽。他也是个十分了解自己喜欢什么样的女孩的人。所以和他约会时，即使你不符合他的要求，他也会很体贴地送你回家，但是，别以为他对你有好感，他只是有绅士风度而已。

偏爱运动鞋

习惯于穿运动鞋的男人，对生活持有积极乐观的态度，在为人处事上表现出亲切和自然之感，他们没有特殊的生活习惯，一般容易与人相处。习惯于穿运动鞋的男人，总是那么洒脱不羁，青春张扬的个性展露无疑。阳光男孩是令女人们爱慕的，女人无论年龄，都会喜欢这样的男孩（或者说男人）。但是，如果要拥有喜欢穿运动鞋的男孩、男人，那么女人就要忍受——运动鞋带来的脚臭味，也许还要忍受他的臭脾气，等待他的成熟。

偏爱靴子

一个爱穿靴子的人，这种人没有足够的自信心。靴子，在一定程度上能为人们带来一些自信，而且也为他们增加安全意识。爱穿这种鞋子的男人在适当的场合和时机，懂得如何来掩蔽和保护自己。

偏爱拖鞋

这种男人属于轻松随意的人，他们非常重视自由，不愿意被条条框框所束缚。拖鞋充分显示了闲适和随意。这种人对自己的感觉和感受非常注重，他们属于性情中人，一般不会随着别人的习惯而改变自己。他们能在自我调节中充分地享受生活。

偏爱时髦鞋

习惯于追着流行走、穿时髦鞋子的人，有一种观念，那就是只要是流行的，就全部是好的，但他没有考虑自身的条件是否与流行相符合，有点不切合实际。这种人做事时常缺少周全的考虑，所以会顾此失彼。他们对新鲜事物的接受能力比较强，表现欲望和虚荣心也较强。

从车的颜色
看男人

男人对车总是无比痴迷和热爱的。它是男人身份与地位的象征，甚至可以算是他的一个情人。所以当男人在选择他的车子的时候，肯定经过了详细的比较和思考。当他们确定了一辆车子时，这部车子往往与他的喜好、性格等相匹配。所以从他车子的颜色，其实可以看出他一部分的潜在性格。

白色

喜欢白色车身的人一定是个志向高远的人，不论对恋爱还是事业，都抱有很高的理想和追求，而且多半是个完美主义者。喜欢白色的男人会向着自己的目标努力，他们态度认真、才能出众。他们通常都十分优雅，有着与众不同的特质，内心充满一股激情，却通常不会将这些特点形诸于外，而是内敛于胸中。他们喜欢美好的事物，可以为此不惜牺牲一切，因此多少都会染上一点势利的缺点。

白色能够陪衬多种不同颜色，因此喜欢白色车的人同样表现出其超乎常人的适应能力，尤其可与不同性格的人士相处。不过他不会表现出自己的真性情，常有所保留。

黑色

喜欢黑色车的男人性格坚强、刚毅、勇敢，总是不时地鞭策自己，他们拥有一颗坚韧不拔的心。他们极富神秘气质，给人冷漠、高傲的感觉；通常都是谨言慎行，喜怒不形于色，许多内心的想法都深藏着，不愿表露出来。喜欢思索，善于压抑、控制自己的情感。黑色意味着不妥协的人生态度和极端的性格。由于他们善于掩饰，从表面看不出任何极端的表现和倾向。

红色

喜欢红色车的男人总是充满生机与活力，会对自己感兴趣的事投入百分之百的热情。感受力丰富、行动力十足，是偏好红色车男人的最大特征。他们不管在娱乐还是工作上，都表现出惊人的精力。当然，他们也是非常有主见的人，不过，有时他们会任意妄为，向一些似乎不可能成功的事挑战。当然他们也不全然是有勇无谋，通常他们会在行动前仔细盘算，掌握胜利、成功的要点。

蓝色

喜欢蓝色车的男人，头脑灵活，反应敏捷，但给人冷漠的感觉。他们有着丰富的内涵，却总是低调不会张扬。他们非常了解自己人生的方向，绝不被他人所左右，但也并不会因此否定他人的生活方式。他们的思考能力是自由且合理化的，个性或主见也比一般人强，他们不仅喜好个人的娱乐，也易于融入团体中。对既定的目标，会不惜一切的辛劳去实现。

银色

喜欢银色车的男人，他们不喜欢过于刺激的活动，喜欢简单舒适。他们凡事花尽心思努力去做。他们通常很有亲和力，朋友众多。在社交场合，他们也许不是非常引人注意的中心，但也不会冷漠地不与人来往。他们个性温和，做事极有条理。处事不会采取偏激的态度，喜欢一切顺其自然。

黄色

喜欢黄色车的男人，喜欢什么事情都自己做主，尤其在恋爱方面非常积极，就算身边亲友反对也会坚持下去。他们通常活泼健谈，性格明朗。待在他们身边，总是有如沐春风的感觉。正像黄色给人快乐、明朗的感觉一样，他们有着积极向上的个性，却又不十分激进，懂得把握分寸。

第二章

透过行为细节识男人

细节涵盖的东西很多，男人的长相、衣着打扮可以帮你了解男人的一些秘密，他们的行为细节则更进一步地说明了他们的内涵与本质。因为行为可以阐释的东西更多也更加准确，外貌衣着等还可能是凭一些主观想法，而行为就能够很真实地反映一个人的内心了。透过行为细节识男人，这可是很重要的一课。

逛超市几乎是所有人的爱好，每个人不管成家与否都会常常光顾超市。每个人购物习惯的不同其实可以反映出很多东西。我们可以试着从单身男人的购物清单里发现他们的性格秘密。

现在有4位30岁上下的单身男士，他们有着不同的工作、不同的性格特点。

A先生：

购物方式

我非常喜欢逛大型超市，频率为每周至少一至二次。每次去之前只有个大概的计划，但看到什么喜欢就买，经常给计划添上新项目，时常会忘了计划的存在而尽兴购买。

消费观念

我非常喜欢新品牌，在媒体上见到了印象深刻的广告，如果在超市遇到了这个产品，一定会买来试试。打折也会左右我的选择。

购买物品

食物类——因为在家经常看碟吃零食。所以购买食品以零食为主，薯片、话梅、开心果等，还有饮料，只要看见新出的饮料我一定买来尝尝。其他食物很少买，总在外面吃饭，在家基本不开火。家里的冰箱里全是饮料和各种零食、甜食。早餐也基本不买——因为我很少吃早饭。

日常生活用品——我对纸类产品情有独钟：什么卷纸、盒纸，经常大包小包地往家买，存货颇丰。对于牙膏、肥皂一类的产品，我喜欢尝试新品牌，特别是包装独特的进口产品。

收入分配情况

我是个月光族，没有消费计划，往往不到月底就没钱了，基本不储蓄。

性格分析

他热爱自由，喜欢无忧无虑随性的生活，不愿意掌控别人也不愿意被人掌控。对生活充满热情，喜欢轻松随和的居家生活，对新事物充满好奇，追求浪漫情调；自信，有独特的个人品味、能力和魅力，非常在乎个人的感受和体验，感情细腻，重视自我，需要个人空间；慷慨豁达，不看重金钱。

结论

他会是个浪漫、洒脱的情人，和他在一起会很快乐很有激情。经济方面的计划性不强，作为他未来的妻子需要为收支问题做出更多的努力，同时他不会是一个愿意被妻子管教的老公。不会持家的女人禁用。

B先生：

购物方式

我会快速购买完自己需要的物品，然后惬意地悠然看"风景"。喜欢动感地穿梭在超市中，如果时间允许，买新鲜食品是每天的任务。

消费观念

我对广告强势推荐的产品最抵触。因为这种产品在毁灭个性。我只钟情于选择非主流但符合自己个性偏好的产品。不为打折诱惑，根据生活经验，相信打折必有原因。对品牌有专注的忠诚，不轻易改变。

购买物品

食物类——拒绝超市的倾销政策，选择每次需要的小包装新鲜早餐：牛奶一盒，面包、香肠、奶酪各一份。水果专注于是否新鲜。挑剔食物，我认为是种贵族品质，而剩下的食物就一定不要勉强自己解决。一个人的生活让我不需要打点厨房，方便面和速冻食品的诱惑我同样坚决抵制。早餐由我自己料理，其他正餐都是精挑细选在不同口味的别致餐厅，同时一个人点了够三个人吃的菜肴，只为体验其中的精髓，没有打包的习惯。

日常生活用品——在超市只考虑购买牙膏清洁用品，倾向于有科技含量的固定品牌。衣物（含内衣）只会考虑专卖店。

收入分配情况

花掉80%，投资20%。

性格分析

他注重生活细节的品位，喜欢精致讲究的生活。有自己的消费观念，在理性消费的同时也注重品质和个性。崇尚西式的小资生活方式，有着强烈的自我意识。在工作上有明确的定位以及良好的事业前景。由于追求完美，他对恋人的要求也非常高，需要与他有着相同的价值观、生活方式。另外在外表、性格等方面也不会降低要求。

结论

在恋爱时，他是一个精致有情调的情人，他安排的约会会很有品味。他会是个有品位的丈夫，会把自己和家里收拾得无可挑剔，但他对日常生活中一丝不苟的讲究很容易使妻子疲于应付，如果妻子不能达到他对品味的追求，家庭很难和谐。喜欢自由散漫生活的女人禁用。

C先生：

购物方式

我会常常逛超市，频率是一周一次。去之前不做什么具体计划，反正要买的东西就那么两三样。

消费观念

我喝啤酒从来不换牌子，对于方便面和一些甜品喜欢尝试新的品牌，因为多年喝习惯了几个品牌的啤酒，所以很难轻易改变……对广告不太关注，对打折也不敏感，这些都不能影响我的选择。

购买物品

食物类——啤酒、方便面、熟食是我的超市购物三步曲。我爱喝啤酒，每天都要喝，家里人比较反对，所以干脆由我自己来买；我经常加班，回家晚了就煮包方便面，熟食也是这时候吃。另外，我也会买些坚果类的零食下酒。

日常生活用品——和父母同住，无需考虑日用品采购，衣服都是自己买，但不会在超市买……

收入分配情况

花50%，投资和储蓄50%。

性格分析

他性情豪放爽朗，喜欢简单明快的生活方式，充满自信，性格独立，固执，任性；对女朋友的挑选非常严格，喜欢漂亮、知性、有良好家庭背景的女孩，希望对方和自己有共同的事业追求和生活目标。尽管身边有很多女性，却感叹找不到真心喜欢的人；对家庭的责任感强，经济上有条有理，工作中吃苦耐劳，事业上会有不俗表现。

结论

作为情人他可能不够浪漫，多半采用简单直接的方式约会。他会是个爱家的老公，喜欢家庭氛围，愿意为家庭而努力工作，但是不会喜欢家务这类琐碎的事情。适用面较广，无禁忌。

D先生：

购物方式

我每周利用周末去一次超市做大采购，购物清单就放在衣袋里，随时拿出来参考，回来后保留购物小票和塑料袋。

消费观念

我很少尝试新品牌，除非有很大把握它优于我惯于使用的产品，而广告是大企业必不可少的营销手段，从某个角度来说，广告的覆盖面是企业实力的体现。所以我会视广告为特别平常的事物，购物时不会被它左右。至于打折，除了要求保质期的食品，其他的我都会考虑。

购买物品

食物类——喜欢自己在家做饭，购物清单里的食品非常丰富，除了早餐牛奶、面包、水果，还有新鲜蔬菜、肉类、海鲜、调味品、粉丝木耳香菇等。

日常生活用品——我的公司就是经营日用品的，所以我对这些产品的特点和促销的动机非常了解，所以在超市的几个知名品牌里，什么品牌打折我就买什么。

衣物——我有时会在超市购买一些衣物，因为我对棉织品的质地非常在行，通过目测和手触，我能判断出棉织品的纱支数，从而了解它的性价比。我选择的是质高价平的产品，有时超市里做促销的衣物还是非常划算的！

收入分配情况

花掉20%~30%，其余用作储蓄和投资。

性格分析

他非常勤劳，一丝不苟，努力工作认真享乐，充满家庭责任感，有时会让人觉得刻板无趣。在爱情中懂得体贴照顾对方，非常需要对方了解自己，勤于沟通（有时显得话太多而不够浪漫）。喜欢安定的生活，不喜欢旅行，善于理财。可以胜任任何一份工作，可作为上司，有时因为过于挑剔而在工作中引发矛盾，要注意避免因自己的过于精明而造成与人相隔千里的误会。

结论

他是难得的现代新好男人，很适合居家过日子。做他的妻子会很轻松，不用发愁如何省钱，也不用怕他挑剔。只是做情人太过无趣，不懂情调，过于精打细算很容易让女人却步。小资、讲究情调的女人禁用。

手机也会透露他的性格

[他喜欢用什么样的手机？]

喜欢用直板手机

直板手机造型比较简洁，没有太多的花俏装饰，相比其他款型的手机更耐用。喜欢直板手机的男人大部分是基于这几个特点。这样的男人往往很直爽洒脱，大度开朗。别人都很愿意和他一起共事。他很容易让女人产生依赖感，因为他大度直爽的性格会让女人觉得轻松安全，觉得和他在一起总是很开心。

喜欢用翻盖手机

翻盖手机的造型感更强，使用起来有一种特别的感觉，不像直板手机的直来直去，翻盖手机相对有个缓冲的空间，或者说有更加委婉的感觉。因此，喜欢翻盖手机的男人往往心思比较细密，做事比较谨慎。凡事都喜欢三思而后行，有时甚至因为过于周密的思索事情的过程和细节而耽误了抉择的时间。他的细心和体贴还是会让女人觉得贴心。

喜欢滑盖手机

滑盖手机的外观本身就很具有观赏性，有着动感而时尚的感觉。如果一个男人喜欢滑盖手机，他往往比较重视感觉，是个浪漫、感性的男人，对美丽的事物非常偏爱，喜欢追求品味和细节的完美，也常常会因为细节而忽略本质的东西。但是他的感性和美感还是很有魅力的。

喜欢旋转手机

旋转手机的造型很有创意，极具新奇的味道。喜欢旋转手机的男人，往往喜欢尝试新鲜事物，喜欢与众不同。而且他可能做事比较灵活，知道怎样婉转地应对一些突发事件，也是个有生活情趣的人。不过他过于多变的态度看起来很玩世不恭。过于追求新奇的他可能很容易厌倦。

[他把手机放在哪里？]

把手机放在包里

他做事深思熟虑、小心翼翼。对自己的要求很高，自尊心很强，姿态优雅，对人亲和却很少采取主动。他有着无限潜力，只要有一次机会，就有可能平步青云。由于追求完美的自我要求，他常常会很有压力。重视生活品味，尊重和了解家人，也重视子女教育，能够创造和谐幸福的家庭关系。他拥有主导家庭的能力，希望得到家人的重视。他对伴侣的要求严格，希望她是一个完美的女人。

把手机放在裤子口袋

他是一个友善但防卫心重的男人。他表达方式是温和、友善，却带着强烈的防卫心。他有着一些不希望别人知道的小秘密，对越疏远的朋友表达反而越亲密，越接近他，却发觉他越疏远。在爱情的关系里，他常常是忽冷忽热的。要得到他的爱，先让他自由。他对工作抱着很多的理想和抱负，但是常陷在思考的泥沼里，多了一点玩心，少了一点点执行力。如果他的创意，能与执行力强的伙伴配合，将会有一番事业。他的情绪起伏很大，多是因为心里不为人知的小秘密造成的，在一起就多多忍耐吧。

放在胸前（西装的内侧口袋、衬衫口袋）

他是一个稳重、进取的男人。这样的男人做事不疾不徐，并且会尽一切的努力让生活朝着他所设定的目标前进。表面上，他不一定拥有两性关系的主导权，但是在内心里，他可是操控大局的人。对他来说，爱情与面包的比重是一样重要的。他的谋略心旺盛，就算现在的他还年轻，尚未到达经理以上的级别，数年之内也是颇有远景的。他对形象过度重视，有时候比你还挑剔呢。

别在腰带上

将手机别在腰带上的男人相对比较传统，他的占有欲和控制欲强烈，重视别人对自己的看法，因为努力工作会有很好的表现。他求知欲望强烈、兴趣广泛，懂得尊重别人但不轻易接受别人的意见。他会因为善良和苦干精神而成功，脚踏实地；家庭观念强，为家庭而努力工作。他喜欢温柔贤惠的女性，是贤妻良母，但是要有自己的主张；不喜欢胆怯幼稚的女人。

别在后面

他喜欢自由和不受约束的生活，不喜欢和人斤斤计较，常常有大而化之的行为；喜欢接受人生挑战或多姿多彩的人生，偶尔也会寻找一些刺激。他的家庭观非常强烈，他喜欢的女性应该是小鸟依人型的，并应该有良好的持家能力和管教子女的方法，可以独立照顾家人，不需要事事征求他的意见。他可能凡事喜欢留一手。他对爱情的态度是积极的，表达的方式或许因人而异，但是他绝对不会放弃对你表达爱意的任何一个机会。赚钱是男人的责任，对他来说是天经地义的事，所以他会很努力地工作，甚至一天兼职三四份工作也乐在其中。

拿在手上

喜欢把手机拿在手上的男人一定精力充沛。他随时都处于备战状态，不到非休息不可的最后一分钟，这种男人是不会上床休息的。他对伴侣的期待，是希望你有如战场上的同袍，和他一起对抗一切困难，不过他对情绪的敏感程度是很低的，如果你真心爱他，就必须先调整自己对两性关系的期待，因为他的爱情神经是很大条的。

他常常会忘了带手机，他是个典型的乐观主义者，虽然对自己的生活目标总是感到迷茫，但他常常都是很快乐的。虽然他迷糊，对爱可是很清楚的，是典型的嘴花心不花的爱玩男人。虽然老板常找不到他，却因为他对工作和同事的热情，在职场上也是做得有声有色。这种男人是大智若愚的典型，直率却不失精明。

他是否真心，
让细节来说话

　　他是否只跟你聊些表面的东西，去哪儿玩、吃些什么之类的话题，而从来不深聊，更不会谈论他自己的事情，如果是，那他就是玩玩而已。如果他对你的生活、你的需要、你的未来感兴趣，并对你说起他自己的一些事，当然不能是吹嘘他的成绩，那他就是认真的。

　　他是否对你提出的条件和底线压根儿就不在乎，甚至一笑了之，如果是，那就说明他只是玩玩而已。如果他仔细听你的条件，并且真的按你要求的去做，那他就是认真的。

　　他是否抄下了你的电话号码，却没有在24小时之内给你打电话，如果是，那他只是玩玩而已。如果他很快打电话来，那就说明他对你很有兴趣，很有可能是认真的。

　　他是否跟你约会时总是迟到，而且事先也不来个电话说明理由，如果是，那他只是玩玩而已。如果他总是准时出现，那他就是认真的。

　　他是否从不让你在他的朋友、家人和同事面前出现，如果是，那他只是玩玩而已。如果他迫不及待地要把你介绍给他的亲朋好友，向所有人宣告你们的关系，那他就是认真的。

　　他是否不愿见你的家人朋友，每次总是编造理由推托，如果是，那他只是玩玩而已。如果他愿意见你的父母、好友和同事，并努力和他们相处，那他很有可能是认真的。

如果你原本有自己的孩子，而他是否不愿意见到他们，如果是，那他只是玩玩而已。如果他喜欢他们，喜欢陪他们玩，经常给他们买小礼物，那他很有可能是认真的。

他自己是否在财务、感情或是精神方面面临严重问题，如果是，那他就不太可能与你建立长久的感情关系。只有当他的工作和生活稳定，具有养家和保护家人的能力时，他才有可能认真考虑你们的未来。

他是否在你们发生争吵的时候，依然镇定自若、嬉皮笑脸地来说甜言蜜语哄你开心，如果是，那他很可能心里并不在意你。如果他会发脾气，生闷气，不会向你妥协，证明你已经占据了他心里很重要的位置，因为人们总是对最亲近的人苛刻，而对不相干的人宽容。

从细节看出
男人爱你有多深

从上篇文章可以看出男人是想与你真心交往还是只是玩玩而已。但是如果已经交往了一段时间，你知道他爱你，但是又总觉得差点什么，可以从下面这些细节了解一下男人能做到多少，做到的越多说明他爱你越深。因为从这些小细节可以看出男人是以自我为中心还是全心全意地爱你，以你为中心。当然男人能做到一部分已经是相当不错了，毕竟爱情不是苛求来的。

关心你的身体

其实"天气干燥，多喝点水""明天会下雨，记得带雨伞"比令女人激动的"我爱你"重要。如果没有对你身体的关爱和无微不至的照顾，再多的"我爱你"也会黯然失色。你不小心切了手，感冒发烧了，当这样的情况发生的时候，我相信无论哪个男人都会比较在意。如果两三天之后他还能想起来安慰你，表现出很心疼的样子，证明他真的很在乎你。如果伤口未好他就已经把这件事抛到了九霄云外，那么，他的爱更多是在口头上，而不是在心里。

关注你的生活

如果他爱你，会希望了解，关注你的情况。一切和你有关的东西，他都会感兴趣。他会记住你的家人、你的朋友，认真听你诉说工作或者学习的情况，知道你特别喜欢的或者特别讨厌的事情，他对你的话或者举止大部分都能看在眼里（这条很必要，但是要把握尺度，不可能所有的时候所有的事情他都会注意，但是至少应该有一部分）。反之，如果他对你的一切不知道，也没有了解的兴趣，要么是他对你不是真心的，要么就是他太过自我，不关心自己以外的东西。

他手机没电前是否一定让你知道

现在手机的普及，几乎成了每个人必备的用品。作为通讯工具，它更能体现一个男人是否牵挂你。平时打电话谈情说爱自然不必说，关键的是他手机没电前，是否会特地告诉你。这其实非常能反映出一个男人爱你、在意你的程度。如果他在意你的感受，怕你找不到他而担心，一定会想办法让你知道他的情况。而如果他手机没电前根本就没有想起跟你有什么关系，那么他不是不够爱你就是太自我，总是忽视你的感受。

做决定之前愿意听你的意见

一个男人有主见固然是有男子气概的表现，但是如果太有主见，从来不理会你的意见，这就要斟酌一下了。如果他把你当做最亲密的人，自己亲密的爱人，自然会希望让你开心，在做决定的时候愿意多和你商量。一个尊重女人意见的男人才是一个懂得爱的男人，才是能够悉心呵护你的男人。而如果所有事情都是他自己做主，从买车买房子到饭后的娱乐，从不考虑你，恐怕以后你也只能一直听从他的安排生活，而不管你喜欢不喜欢。

自娱自乐忽视你的存在还是陪你

如果他总是习惯在空闲的时候陪着你看电视、上网、聊天，不舍得让你一个人无聊，他一定将你视若珍宝。如果他只顾一个人上网，一个人拿着遥控器按来按去，不理会你喜欢看什么，他可能过于自我。当然其实只要他能做到中等，会用一部分时间特意陪你，在他忙于游戏时不会忽视你的存在，会抽空和你说句话，吻吻你，也就足够了，证明你在他心里真的很重要，他总会惦记着你。

他无意识的经常叫你昵称

男人的情感一般不经常外露，因为他们的克制力比女人强得多，只有触动到他内心最深处的时候，情感才会不由得表露出来。如果他总是在你的央求下才叫你的昵称，那么，他不一定是爱你的，即使爱你，也有很多的受迫感；如果他总是在你毫无防备的情况下出乎意料地叫你的昵称，那么，他一定是爱你很深的，有时候甚至让他情不自禁而不分场合地叫你的昵称。

是否主动和你谈及他的家人、家事

男人好强是天性，但再好强的男人在他最心爱的女人面前也会有最柔弱的一面，如果他在你面前对自己的家人、家事总是讳莫如深，避之不及，那么他很可能不是真的爱你，至少爱你爱得不够深。如果他完全信任你，愿意在你面前袒露一部分自己，那是别人所不知道的（当然也不可能是全部的，每个人都需要有自己的隐私）。如果他毫无保留地告诉你他的家人、家事，甚至还和你饶有兴趣地谈及他家的宠物，那他已经将你看作是未来家庭中的一分子了。

对你父母的态度

对于未来可能会成为夫妻的人来说，和双方家人的相处是很重要的。他对你父母的态度是一个考查他的重要标准。但是这种态度是需要仔细分辨的。他是否是真心地对你父母好，是只维持表面的礼貌还是发自内心地希望得到他们的认可，亦或是过度的讨好。有些人是假耐心，看上去客客气气，但是真让他花时间去陪，他就会找借口。这种人往往是性格比较冷淡，因为面子做做表面工作而已。也有人目的性很强，为了讨好你和你的父母拼命表现，对这种人要注意观察分辨，很可能是心机很重，为了娶到你百般讨好，以后的表现就很难说了。还有一种人是平时表现普通，不会过于讨好，但是在真正需要他的时候，他会不遗余力地去照顾你的家人。他心里有你和你的家人，如果爱，他会不怕脏、不怕累地做好一切事情。

对待前女友的态度

前女友对女人来说是个很敏感的话题，大部分女人都很抵触。但是实际上对待前女友的态度也能看出这个男人的品行。只是这个度很难把握。几乎没有哪个女人喜欢男人对他的前女友很友好，但是往往大多数男人都有这样的倾向。其实这是正常的，作为一个男人，对一个曾经爱过的女人很难做到恶言相向或者当作陌生人。如果一个男人总是在你面前说前女友怎样的不好，恐怕这个男人的品行不会好到哪里去。但是太过友好或者总是在你面前提起她，可能还是要注意一点了。如果只是偶尔提起，并不躲闪忌讳，证明他已经放下了那段感情，你可以把心放在肚子里了。但是如果频率过高，经过你的多次要求，他依然忍不住提起她，恐怕是他有些旧情难忘了。

过于守时

有些男人给人的印象是守时、严谨，看起来正直善良，中规中矩。在约会时，他总是把时间掌握得恰到好处，或者在等车时常常看表，你可得小心一点儿了。这也许是他为人过于遵循原则和教条，甚至是因为他从小生活的环境比较压抑，所以缺少无拘无束的洒脱个性。和这种刻板、教条的男人生活在一起，不昏昏欲睡才怪呢！

高谈阔论

在男人和女人相处中，女人对耳朵的使用机会远远多于眼睛，因此女人很容易对一些口若悬河、妙语连珠的男人产生好感，可能会觉得这种男人懂得多，人又开朗幽默。而一些男人有女人在场的时候也会格外卖力地表演。也许在初期，两个人会一拍即合，一个洋洋自得地说，一个满怀仰慕地听。但是慢慢的，喜欢高谈阔论的男人本性就会流露出来，那就是他的轻浮和刻薄，总会对自己所见的一切来一番阔论和指点。如果你们相处的时间长了，他会把这种"才华"施展在你身上，对你指手画脚地挑剔。其实成熟有内涵的男人是应该内敛的。

喜新厌旧

男人经常对你说，他已经把过去的恋人彻底地忘记了，现在他的心中只有你。一心想着旧情人固然可恨，但能把过去的美好恋情忘得如此彻底，这个男人的心可能不是一般的凉薄。要是时常讲自己前女友坏话，这个男人就更靠不住了。他对过去曾经相爱的女人都这样，又怎么可能善待你？

过度殷勤

女人总是喜欢用男人对她的殷勤程度和出手的阔绰程度来衡量男人是否真心。固然不肯为你花钱的男人不可靠，但是肯为你花钱的男人也不一定可靠。如果他真的是想和你厮守一生，他花钱会有所顾忌，因为他不是用一掷千金来赢得女人，而是要寻找自己生活的伴侣，两种人的生活态度是完全不同的。宠爱自己心爱的女人是应该的，但体贴和殷勤还是有着本质区别的，一定要区分开。往往越是恋爱时为女人慷慨解囊、大献殷勤的男人，婚后往往会变得自私吝啬。因为他的做法只是为了讨好你，而不是真正地为你着想。花了这么多钱和心思，既然你的人已经到手了，还何必再浪费资源继续当冤大头？

孝顺听话

尊重母亲的男人，他也会是一个懂得关心体贴自己妻子的男人。但如果对他的母亲过于孝顺，不论什么事情都言听计从，每次回家，都围着自己的母亲转，甚至也要求你听他母亲的话，这样的男人很可能有恋母情结，或者对自己的能力不太自信。和这样的男人生活在一起，你可能不是和他一个人结婚，而是和他还有他的母亲结婚。

朋友众多

现在社会人际关系的重要性人人皆知，但有的男人的朋友数量未免也太多了些。别以为这是男人有本事有人缘的表现。当你发现你们的约会经常不是因为他的朋友来访而取消是把约会不小心就变成聚会，好不容易有几次能够单独相处的机会，三分之二的时间他都在打电话，再没有什么要求的女人恐怕也难以接受这种男人，更不用说婚后，他经常把新老朋友带回家或有没完没了的应酬，直到让女人崩溃。

浪漫优雅

女人难以抵抗浪漫，一个有情调的男人很容易让女人迅速坠入爱河。你们在一起的每次约会都那么唯美。你已经开始幻想做他的新娘了。太过浪漫的男人要么是处心积虑地讨好你，要么是每一个细节都力求精致。浪漫到骨子里的男人是很稀少的，他不过是在讨你欢心而已。等他完全俘获你的心时，他的平庸就显山露水了。即使他真是一个彻头彻尾的浪漫主义者，当他开始为你的发型一个月没变化皱眉时，你会觉得浪漫有时候真的不是那么必要。

他的行为细节

人是习惯的动物，一举一动都透露出他的性格和品质，尤其是在他失去警惕的时候。所以留心男人的细节，在他不再努力给你留下好印象的时，你就可以发现很多非常重要的信息，对你有着非常重要的指导意义。

运动

大多数男人都会喜欢运动，他们喜爱的运动各不相同，有些人喜欢可以独自完成的运动，比如跑步、攀登、游泳等。也有些人喜欢需要多人合作的团体项目，像足球、篮球等团体项目。喜欢竞争、喜欢单人运动的男人，他们更喜欢独自承担，希望自己能够独立的面对挑战。他们平时独处的机会可能也比较多。而喜欢团体项目的男人，他们更喜欢处于群体中，无论是在运动场还是生活的各个方面，他们都喜欢与周围的人合作和竞争，还有一部分完全不喜欢运动的男人，他们普遍是性格偏内向敏感的，喜欢独立思考，他们的竞争性、攻击性不强，感觉和思维相对更加敏锐。

朋友

男人的朋友是他一生的财富，有些男人以朋友遍天下为荣，善于结交新朋友，尤其是对他有帮助的人，也有的男人朋友虽然不多，但是都十分长久，证明这个男人的为人一定是忠诚的，他很真诚恋旧，但是相对也比较保守，不易接受新的人或事物。

如果你约会对象的朋友来自于他生活的各个领域——大学、体育馆和同事，那就不要害怕带他参加你亲戚的婚礼，他与陌生人交谈一点问题都没有，他很容易适应新环境。一个朋友遍天下的男人，一个朋友来自各行各业（大学同学、同事、球友）的男人，是一个很好的社交高手，带他出席聚会绝对没有问题，他对陌生人没有敌意，很容易和新朋友打成一片。

消费

喜欢刷卡的男人热衷于名利和地位。他可能雄心勃勃，可能自信满满。他会努力实现自己的财政目标。

而喜欢用现金付账的男人自信而独立。这样的人成为花花公子的可能性很小。

恶习

如果他喜欢喝酒，那么这可能是为了掩盖他的不安全感。

好赌的男人，喜好冒险，把冒险当成人生至乐，但是，赌徒往往只相信50%的概率——自己会赢，所以往往很难认清和面对现实。

烟鬼常常焦虑不安，这让他们很难下决心去结婚。

一个喜欢四处寻欢作乐的男人，非常没有安全感，他的游戏人生，即是缺少安全感的最好写照。

交流

如果你的约会对象更喜欢发电子邮件，而不是打电话给你，他可能不善言谈，性格内向，不敢与你直接沟通，因为他会紧张，会不知所措，电子邮件则避免了这点。

如果你约会的对象并不是个内向的人，平时能言善辩，也喜欢给你发电子邮件，而不是直接打电话，他可能是个难以对付的人。写电子邮件可能字斟句酌，他有充足的时间把真实的自己掩盖起来；但打电话很容易暴露真实的自己。

喜欢发送即时消息的男人希望时刻得到你的关注，时刻确定你在等着他。

喜欢煲电话粥的男人可能会有些过时，做事喜欢按部就班，但是，他不害怕与你亲热。把书籍当成人生指南，有些老派，但并不代表他们会拒绝夫妻生活。

称呼

同样是女人，在不同的男人眼中，有不同的称呼。

对有的男人来说，所有的女人都只有一个称呼"亲爱的""宝贝"，这种男人可能有很多女人，统统用一个称呼，以示亲近，又避免混淆。

称呼你为"××小姐"或"××女士"的男人有绅士情节，以此显示他的高贵及与你的疏远。

称呼你名字中一个字的男人热情，不喜欢和别人有太远的距离，并不一定对你一个人这样。也可能他是个很传统的男人，爱你但是性格原因不会用特别甜腻的称呼，往往用这样的方式来表示彼此的亲近。

他称呼你特别的专属于你的昵称，则证明他对你十分关注和喜爱，至少此时他的心里只有你。

驾车

如果他经常驾车在车阵里钻来钻去，或者紧跟着前面的车子，并对前面车的司机怒目相向，他有好强、爱冲动的问题。虽然好强会让他在工作中出类拔萃，但他很难与他人处好关系。如果在堵车时，他仍能表现得很平静，这说明他的自控能力很强。但如果堵了两个小时他还没有反应，这个男人极有可能很迟钝或者无所事事。

不喜欢主动驾车的男人可能会让你控制你们的关系，至少有时候是这样。

一个总在操纵方向盘，即使是在你的汽车里也是如此的男人，说好听点是怜香惜玉的守旧派，说难听点是控制狂。

点菜

喜欢选家常菜，每次都点自己喜欢的菜的男人通常稳重踏实，他可能不喜欢改变，不愿意承担改变带来的风险。

如果你的约会对象喜欢点一些新奇的菜，那你正与一个率性的人交往，他可能很容易对维持现状感到厌倦。

喜欢点一些特色菜的男人通常比较精明，对事情有着客观的看法，并且喜欢掌控。

不喜欢点菜的男人通常比较随意，不愿意承担责任，没有太多的权力欲望。他们喜欢随遇而安的生活。

喜欢的节目

如果他总喜欢守在电视机前一部接一部地看电视剧，那你要注意了。这种男人喜欢用幽默来缓减压力。这可能是件好事，因为他不会把压力发泄在你身上，或者变得不冷静，但你想与他严肃地谈话也不容易，这是一种矛盾。你越是想和他讨论一些重要问题，他越想逃避。

看法制类节目的男人擅长分析，喜欢思考。他以解决问题的能力而自豪，在你需要帮助的时候，他总会不遗余力地帮助你。他们更理性，通常不喜欢感情用事的女人。

喜欢看娱乐节目的男人通常比较活泼，他们喜欢交际，喜欢时尚的生活。他们很少注意内在的修养，觉得那样是很过时、很闷的事情。

排行

如果他是长子，因为是第一个孩子，父母会对他严格要求，赋予他更多的责任。他一般性格顽强，比较厚道、有责任感，做事踏实，容易获得成就。但他往往过于强调家庭的责任，会要求伴侣去孝顺自己的父母、照顾自己的弟弟妹妹，这样会使伴侣感到自己的位置是放在他的家庭成员之后，如处理不好，容易影响夫妻关系。

如果排行在中间，由于既没有得到父母对老大的重视也没有得到对老么的宠爱。他可能具有两种不同的性格倾向：一是具有反叛性，希望得到父母更多关注；二是在处理与兄弟姐妹的关系中，他得到了锻炼，具有更好的交往、适应能力。他可能事业心不明显。

如果他是最小的孩子，一般都很聪明，因为他从小受到哥哥姐姐的调教和训练，在玩的过程中得到了学习。比起同龄人，他们更多的是大孩子的思维，智力开发得比较早。由于往往得到父母更多的宠爱，父母对他一般没有承担家庭重任的期待，他的生活环境压力小，比较宽松，因而性格通常比较灵活、开朗。由于经常受到保护，他会表现出淘气或乖巧的特点，但缺乏毅力是他的显著缺点。

如果是独生子女，可能会兼有老大和老么的双重特点，同时又有着自己的特点。他可能更加独立，却常常缺乏安全感，害怕孤独。

眼神

眼神是人心灵的体现，如果一个男人与你交谈的时候不和你进行眼神交流，多半会有两种可能，要么是他生性腼腆，面对你有些紧张，不敢与你的目光接触，要么就是他不愿意与你进行眼神交流，不愿坦诚相待，他不是一个值得信赖的人。如果在交谈中他常常注视你，甚至能看到他眼中的深情，毫无疑问这意味着他非常喜欢你。

说话方式

如果一个男子说话的语速很快，那么他应该是一个直率而精力充沛的人，很乐于表现自己，喜欢占据主导的位置。他总是希望能够给人留下好印象，但是由于他们太自我，往往不会注意到自己的听众。如果这个男人说话的语速很慢，要么是他非常谨慎，说话之前会仔细地斟酌，那么他在生活中做事也会很慎重，三思而后行，也可能是他的反应稍稍有些慢，而且缺乏自信，很难快速地进行反应，觉得自己说的或者做的不够好。

聚会上的表现

如果他衣饰不俗，但很难和周围的朋友打成一片。这样的男人保守，害羞，别期望他会有别出心裁的浪漫点子，也别希望他会有将你融化的热情。他需要时间从他的壳里出来。

如果他热情洋溢，很快就成为众人关注的焦点，则他更习惯于被别人体贴而非体贴别人，而且，对热爱热闹的他来说，与你独处的时间，可能略显沉闷，而他很不喜欢这种感觉。

他对姐妹的态度

如果他对自己家里的女性成员尤其是姐妹都非常体贴，比如他有时会抽空陪老妈或老姐逛逛街，这样的男人即使是结婚后也会陪你逛街，而不只是恋爱时做做样子。他对家庭女性成员的态度跟他以后对你的态度有很大的关系。

父母面前的表现

如果和他一起去看他的父母，他一进家门就往那儿一瘫，爹妈伺候着，将来伺候他的就是你了。如果他回家后会自己倒水冲茶什么的，吃完饭会收拾桌椅碗筷，会看到地上不干净随手拿个拖把擦一下，那他以后在你们的小家也会喜欢做家务，而不是都推给你一个人做。不要管他在你家多勤劳，要看他回自己家后是什么样子。

解读初次见面时男人的表现

约会总是让人期待的，然而初次见面，彼此还不太了解，女人心里总是有些不太确定，他喜欢我吗？为什么他总是表现出不太想和我说话的样子？其实想了解男人的想法和性格，从他们的表情上就可以看出端倪。

表现一：

他总是彬彬有礼，貌似极具亲和力，一出场脸上就始终挂着迷死人不偿命的微笑，很有风度。那副从容优雅的样子很容易让女人怦然心动，觉得他就是自己一直在寻觅的人。

解读：

千万别被他迷人的微笑和进退有度的举止迷住。初次约会就能如此淡定从容，只能证明他把自己严严实实地保护起来了。表现得像是与你很近、很亲，实则他的心将你隔绝在外面。他害怕受到伤害，习惯性的与人保持一定的距离，他会极力掩饰自己的真正想法与感受。对于这样的男人别立刻就误以为他对你有好感。其实这只是表象，想要了解他还需要一定的时间。他可能不敢表达自己的真实想法，为了保护自己，和人相处时总是设下界限。你如果真的对他感兴趣，就需要冷静下来，不要忙着表现出自己的好感甚至采取攻势。最好表现出你温柔、亲切的一面，以朋友的方式走近他，让他慢慢放松下来，慢慢去接近他、了解他。等他卸去层层伪装，向你袒露心声的时候，你们的感情就修成正果了。

表现二：

他的笑容很灿烂，活力四射，热情如火，举止开朗大方。初次见面就表现出他开朗健谈的一面，妙语连珠，极力表现自己，这样的男人无疑很容易让女人着迷，不知不觉被他的情绪所感染。

解读：

他这样的表现，无疑是他对你产生了浓烈的兴趣，于是一开始就大力表现自己，努力展现自己，希望引起你的注意，和你拉近距离。他如此卖力展现他的魅力，借由表情、语言、动作来表达自己的情感，从而赢得你的芳心。这样的男人往往感情比较强烈，而且性格开朗，容易相处，懂情趣，且很有影响力。他会很快投入一段感情，因为善于展现自己的魅力，也很容易打动女人的心。但是这样的男人投入得快，情淡了也会很容易离开。你若被他吸引，渴望和这样的男人交往，请随时保持警惕，想方设法让爱情保鲜，才能抓住他的心。

表现三：

他看起来很紧张，总是坐立不定。他很容易脸红，不敢正视你的眼睛，趁你不注意时却偷偷地看你。无意识地握紧双手或者摆弄手边的东西，有时候说话还有些"口吃"。这样的男人往往让女人失望，觉得他太没有风度了。

解读：

其实这样的男人才是女人最该捡的宝。别因为他惊慌甚至笨拙的举止看不起他甚至转身离去。其实他的这些表现，这些紧张与不安，多是因为他非常喜欢你，总希望在你面前表现最好的一面，以至于无法抑制内心的紧张和激动，结果因为过度在意反而造成了这样的慌乱。虽然这样的男人看起来也许不如前几种男人有吸引力，但是这样的男人很感性，一旦投入感情会爱得很执着。你若喜欢他就以真诚的态度对待他，多对他表现出你的好感与关心。让他了解他不是一厢情愿，这样他的内心不再那么紧张，他就会慢慢平静下来，对你表现出依赖感，希望能成为你的亲密爱人，并珍爱你一生。

表现四：

他看起来很随意，像面对老朋友一样坦然自若，一脸的轻松，很自然地入座。举止更是无拘无束，怎么舒服怎么来。聊天的内容也很随意，彼此像熟人一样，不觉得有什么尴尬或是暧昧的气氛。这样的男人也许别有一种潇洒不羁的气质，一些有个性的女人往往最喜欢这类男人。

解读：

他和你第一次约会就如此放松，除了证明他的个性比较随意之外，也可以看出他没把你看成异性。对你没有特别的感觉，也许你们可以聊得很开心，他喜欢和你在一起，但并不是情人之间的那种，只会把你当成"哥们儿"。你们之间的交往随意而放松，不受拘束。这样的男人其实很有魅力，他的懒散和随意透出一种不羁的感觉，容易让女人产生征服欲。他非常重视哥们朋友，对女友可能相对会冷落一些。所以你若对他没兴趣最好全身而退。如果被他吸引了，努力让他发现你的性感与魅力。当他把你当成女性看待时，你俩的关系才有望升级为恋人。

表现五：

他看起来镇定自若，却会不自觉地表现出严肃的样子，甚至有时候会眉头紧锁，没有笑容，他双眼关注你的一举一动，像是要把你从外到里看个透彻，让你觉得自己仿佛在接受领导检阅，总觉得浑身不自在。

解读：

这样的男人很严谨、理智，但是他在感情方面可能不会十分成功，所以对人不会轻易产生信任。和他约会，他会一直关注你，甚至会不停地向你发问，对你提出各种意见。在他对你不十分了解之前，不会投入感情，以怀疑的态度和你相处，保持一定的距离，直到他觉得你可以通过他的审核，可能才会考虑是否与你谈感情。这都是他不自信的表现。这样的男人很挑剔，对另一半的要求也非常严格。如果你喜欢这样的男人，和他在一起，你可能要时刻面对他的意见，无需过多辩解，也别急于表白心声，只要做个安静的倾听者，适时给予回应就好。如此也能让你了解到他真正想要什么。

表现六：

他的眼神恍惚，总是心不在焉的样子。有点坐不住，常常会四处张望，说话也总是漫不经心，毫无兴趣的样子。双腿在不停抖动，时而看看手表，时而玩弄手机，给人"身在曹营心在汉"的感觉。

解读：

在约会时他如此表现，只能说明他对此次约会根本提不起兴趣，无心谈情说爱，只想着能赶快结束约会。面对如此不情愿的约会对象，大部分女人恐怕都失去了继续交往的欲望。若是无法忍受他的怠慢，或是对他深表同情，干脆送个顺水人情，尽早结束此次约会，开始寻觅下一个满意的对象吧。

第三章

读懂男人的
星座、生肖、血型

现在用星座、生肖、血型来判断一个人的个性早就成为了时尚，很多人说起这些都头头是道。通过细节识男人，自然是不能放过这个简单易行的好方法。如果想了解一个男人，一定要把他的星座、生肖、血型这些小细节统统搞到手，会给你很多意外的惊喜。

星座男人的性格

知己知彼才能百战百胜，所以亲爱的姐妹们，了解男人的性格是我们了解男人的第一步。星座可以帮助我们对男人性格有个大概的了解。

白羊座——纯真、直率、热情、挑战

白羊座男人是永远有着孩子般纯真心灵的人。他喜欢光明，喜欢温暖。他讨厌一切复杂烦琐的东西，不搞权宜之计，不委曲求全，也从不注意细节。他像春天一样充满了勃勃生机，超强的行动力让他永远走在别人的前面。他是一个先锋官的角色，往往别人还在考虑，他已经走了很远，他的做事原则就是先做了再说。

作为火星之子的白羊座，认为世上最有趣的事莫过于挑战和征服。一旦定下了目标，不管多少艰难险阻他也会披荆斩棘地实现。

金牛座——踏实、勤勉、节俭

正像牛一样，金牛座的男人性格平稳、有毅力和耐力，勤劳智慧，富有实干精神。为人处世小心谨慎，感情真诚专一。不轻易改变自己的生活习惯。固执己见是金牛座男人性格上的最大特点，同时也是他的主要缺点。虽然性格平稳温和，很少发脾气，但是脾气一旦发作则有雷霆万钧之势。不管事业还是爱情、家庭生活，他都需要稳定、可靠的人和事物，任何不确定、不可靠、不

稳定的人和事物，都让他感到焦虑不安。

金牛座的男人家庭观念较强，家庭是他寄托自己幸福生活的地方。所以金牛座和巨蟹座可以说是最爱家的星座。他是现实的男人，懂得物质是生活的最基本保障，所以物质的稳定、可靠是他的第一追求。受掌管艺术的金星影响，金牛座男人有着优雅美丽的特性。所以他们在物质基础上，还需要美丽、愉悦的享受。

双子座——好奇、活泼、多变、聪明

双子座男人开朗活泼，是个有趣的人，很少有人会不喜欢他。他有着旺盛的好奇心，喜欢瞬息万变。他精力旺盛，对工作认真，对朋友讲情意，对事业野心勃勃。双子座男人无法忍受一成不变的关系，固定的事物使他衰老得极快。双子座的男人常常会出现双重性格，常常使自己处于一种矛盾的状态。多变的特性，往往令人难以捉摸。

他相当具有灵性，聪明、心智活跃敏锐，喜欢忙碌和追求新的概念及做事的方法，有活力、口才一流、胸怀大志、人缘很好，并且有语言天分。对事物的思考很快，改变主意也比一般人快。

巨蟹座——敏感、恋旧、温柔、爱家

巨蟹座男人必定有一颗温柔而敏感的心。他的多变，并不是个性如此，而是他的情绪太容易受外界事物的影响，想要真的了解他并不是件容易的事。超群的直觉和敏锐的感知力是巨蟹座的主要性格特征。保护自己是巨蟹座的本能。他很少会一下子让你了解他太多，也很少会把自己的情绪或感情赤裸地表白。他本能地保护着自己脆弱多情的心。

他平易近人，容易相处，很愿意帮助人。举止稳重，喜欢思考、钻研，并

有自己的见地。对待事业和生活极其认真，然而有时会不顾现实地固执己见。

他是个非常恋旧的人，因为熟悉的东西让他有安全感，他对家庭的依恋是非常强烈的，是个典型的居家男人。不管是对他的父母还是他的妻子，他都愿意为他们做任何事。

狮子座——高傲、强势

作为森林之王，狮子座的男人有着一种自然的霸气。他心胸开阔、远见卓识，有排除困难和驾驭形势的才能。不过强悍的他也是有着温柔的一面。对自己的女人，他会竭尽全力从各方面保护、关心、照顾，使她身心都沐浴在幸福和舒适奢华的生活中。

他开朗热情，大而化之，爱出风头。对朋友的要求很低，对恋人的要求很高。在外人面前永远是开朗的，很要面子，很豪爽、大方。他很男人、很强势，有着天生的领导能力。不喜欢受到他人的支配或命令，凡事总想以自我为中心。他希望自己很有魅力，被所有人喜欢，但其实对感情很专一，认准了就不撒手。可是如果对方提出分手，为了面子，他会毫不犹豫地离开，老死不相往来。

处女座——细腻、冷静、条理性

作为最女性化的星座，处女座男人一直是以细心和洁癖而出名的。他们通常很谦虚、很低调，心思缜密。也许是受水星这个处女座的守护神的影响，处女座的男人感受力极其敏锐，他有着极强的计划性、记忆力以及强烈的责任心。

他对每一件事情都要周密计划，仔细安排，喜欢将事情的来龙去脉弄得一目了然，事后做记录以备查，每项开支都记入账目，一丝不苟并且井井有条。不喜欢突如其来的事情扰乱自己的生活。对任何事，他都希望能够达到完美，对每一个细节都不会放过。

天秤座——优雅、理智、平衡、温和

天秤座是众所周知的帅哥星座，天秤座男人有种与生俱来的风度，即使长得不帅，也多半拥有温和儒雅的气质。天秤座是天生的贵族，他的好修养并非刻意，只是一种天性，一种习惯。

他喜欢一切美好的事物，富有艺术的灵感和才华。拥挤、杂乱、压力，都会破坏他内心的平衡感。而作为天秤座，他最重视的就是这种平衡感。但是这种对于平衡的痴迷也让他成为一个犹豫不决的人。跟他无关的事他能给予公平客观的判断。而一旦碰到他自己切身的问题，他就开始左右摇摆，难以做决定。

他有着超凡的理智，无论任何事物，他总能以置身事外的超然和理智去看待。没有人能看到他狂热的样子。心地善良，性格温和，喜欢在人群中的他永远是一副兴致盎然的样子，然而他的心与外界却始终保持着一定的距离。

天蝎座——神秘、魅力、深情

天蝎座男人有着一双极其敏锐的眼睛，能洞察人的弱点和机遇。作为一个神秘而个性强烈的星座，很容易给人留下深刻的印象。他的魅力很少有人能够抵挡。他像浓烈的酒一样让人沉醉。

天蝎座男人给人一种精力旺盛、热情、善妒、占有欲强的特质。天蝎座的人是记仇的，有朝一日必定报仇。因为冥王星的影响，将狡猾、残酷的性格加诸于他身上，会不惜一切方法打击仇人。

貌似温和淡然的他常常无法摆脱的烦恼，正是源于他的敏锐。强烈，是天蝎座男人的突出性格表现。如果一旦遇到他喜欢的人，他会不惜一切去追求。他有着难以想象的执着和坚忍。感情上的背叛是他绝对不能忍受的，受伤的天蝎座男人会变得极其可怕。

射手座——乐观、直率、自由

射手座男人非常乐观、诚实、热情，喜欢挑战，喜欢新鲜和变化，有双重性格的特质。他永远有着孩子的心态。他喜欢追求学问，紧跟潮流，也有语言天赋。他很容易浮躁不安，鲁莽行事，意志力薄弱也是他的一大缺点，缺乏自制能力。

射手座男人喜欢运动和旅行，自由是他们最大的渴望。射手座的男人热情洋溢，对生活充满火热的激情。从不计较个人得失，喜欢同时投身到许许多多的事情当中去，但轻率行为往往会给自己带来烦恼。不论是在思想上还是在行动上，都随时准备着去经历风险。

摩羯座——理智、严谨、坚忍、保守

摩羯座男人总是给人平静而淡漠的感觉，不太容易接近，喜欢离群独处。他是一个严肃认真、思想深沉、始终如一、忠诚可靠、正直廉洁的人。他很少妥协，更从不抱任何不切实际的幻想，始终以理智面对一切。

他的事业心很重，常常把个人生活置之度外。一切都从最现实的观点出发，脚踏实地地从零做起，并追求实实在在的结果。他渴望成功，却也重视家庭，从来不会把感情与事业混为一谈。

他个性传统、富有责任感，对财富和社会地位的欲望，是激励他前进的力量。"坚忍"是摩羯座男人个性中最大的魅力，没有人能像他一样，那么不怕苦、不怕难、不怕失败。

水瓶座——怪异、哲理、富有正义感、追求心灵自由

水瓶座男人的内心世界极为复杂，很难理解。由于土星的影响，他具有

前瞻性、独创性，聪慧、理性，喜欢独特的事物及生活方式。大多数时候，他会表现的对人热忱，愿意帮助人，有时候也会异常冷漠和不近人情。他独特又富有魅力，是个能使人神情荡漾的人。

他不喜欢照章办事，也忍受不了任何约束。因为爱情会妨碍他的思考，他会更喜欢友情，但有时候也会疯狂地投入到爱情中，或者把一切都理想化。水瓶座男人习惯将私生活保密，不理会外界的批评，处理人际关系也属于理性型；在异性面前喜欢保持若即若离的关系。水瓶座男人是人道主义与理想主义者，尊重个人自由和精神式的恋爱，柏拉图式的恋情对水瓶座来说是司空见惯的事。

他心胸宽大、爱好和平，主张人人平等、无贵贱贫富之分，不但尊重个人自由，也乐于助人、热爱生命。很重视知识，有优秀的推理能力和创造力，是典型的理想主义者和人道主义者。忠于自己的信念，又令人难以捉摸。

双鱼座——善良、幻想、感性

双鱼座男人个性安静，不爱说话，富有同情心，感情细腻丰富，有爱心，单纯善良，所以容易轻信他人，付出的总比得到的多。温柔体贴的他极具浪漫主义色彩。

他偶尔也会坚持自己的主张，喜欢争论，固执己见，直至自己的意见被接受。和任何人都能轻松愉快地交往，但亦不会敞开自己的整个内心。对双鱼座男人而言，面对施惠于自己的人时，要学会减少内心的过度反应，培养逻辑性的思考，学会敞开心扉与人相处。双鱼座男人虽然喜欢与人共处，但也享受孤独，最好多参加与爱好有关的活动，保持广泛的人际关系。双鱼座的男人是个为感情而活的星座，比较优柔寡断，不懂拒绝，见到对自己温柔的女性很容易坠入爱河，暧昧的情况更是常常出现。

如何和12星座男友相处

白羊座

白羊座男人对女友的要求其实蛮高的，最好是集美丽、温柔、聪明、内涵等所有优点于一身。炫耀自己的女友是白羊座男人的一大爱好，所以首先你不能让他觉得带不出去。而且在喜欢挑战的白羊座男人面前，最好不要表现得太主动，这样会剥夺了他的乐趣。

你可能常常会觉得他好自私，一点都不为你着想。其实，他并不是不为你着想，而是他根本没有想到，他天生就不是那种心思细密的人。直来直去，喜欢简单的白羊座男人更不懂得猜来猜去的心思，所以不要指望他会体察到你细微的变化。你有什么要求直接告诉他就可以了。

白羊座男人有着大男子主义的倾向，他需要崇拜，尤其是女友的仰慕和欣赏。他的粗心大意让他不可能无微不至地照顾你，因此大部分事你要独立自强，但是在他面前最好多显露温柔的小女人本色。如果你能在所有人的面前都是"第一名"，只有在他面前退居第二的话，那他的心基本上也就是你的了。

金牛座

金牛座的男人很少会喜欢一个高谈阔论的女人，尤其在公众场合，要少开口，保持端庄的姿态。这样金牛座男人会更快地把你当作未来的妻子。恋爱时的他并不像想象的那样刻板，他的浪漫方式会让女生很有安全感。

不过他最可贵的品质是忠实可靠，走进婚姻后，金牛座男人的婚姻生活是稳定而实际的。所以少一些浪漫的幻想，多花心思为他准备一个温暖舒适的家，而不是把精力放在做梦和闹情绪上。

金牛座男人是好老公的典范，很居家，他非常追求家庭的和谐。很多时候他是温和可亲的，除非他觉得自己的家庭幸福受到威胁，他一家之主的尊严受到挑战时，他才会大发脾气。面对货真价实的"牛脾气"，你最好的选择就是避开锋芒，否则此时的他可是最顽固的。

双子座

双子座男人的活泼灵动是很有吸引力的，但是如果你是个有掌控欲的女人，也许不太适合，最后很可能是一个鱼死网破的局面，不是自己被气死，就是他造反起义。想要他随时报告行程，几乎是不可能的。你要习惯并欣赏他的多变和活跃，那么他会把日子过得多彩多姿。你最好有自己的生活、自己的兴趣。如果将所有的心思全放在他身上，会让他觉得压力大得想逃走。

你可以尽情发展自己的事业，而不必担心他不喜欢你超过他。双子座的男人喜欢你拥有更宽的视野，更丰富的思想，这样才不会让贪图新鲜的他腻烦。不要整天只想跟他谈情说爱，他会觉得很无趣，你们可以一起聊很多事情，一起玩很多东西，你们相处的机会和时间也就多了。

用一种轻松淡然的态度和他相处，爱他但不要绑住他，他反而会愿意和你永结同心。你会有更多的时间做自己想做的事，同时也不会缺少爱情的甜蜜。

巨蟹座

怕受伤的巨蟹座男人一向不会太主动，没有足够的把握他不会太过显露自己的想法。当他想约女孩子时，几乎很少会立刻切入主题，总是聊了半天，绕了好几个圈子才提出约会的要求。所以想跟巨蟹座男人交往又不想总是原地踏步的话，一定要多给他暗示。

跟敏感而且情绪化的巨蟹座男人相处，温柔地对他是唯一的方式。当闹别扭的时侯，"哭"跟"撒娇"是比较好的方式，很少有巨蟹座的男人能够对着一双泪汪汪的眼睛发脾气，他很快就会投降的。千万不要对他大发脾气，这样一来造成的伤害往往比原先的意见不合更严重。他会觉得你不尊重他，不爱他了。巨蟹座男人生气的时侯是很好哄的。

照顾巨蟹座的男人是和他相处的必杀技，虽然他爱照顾别人，但他脆弱的内心很需要人关心，最好当他是小孩子一般去呵护，他会感激你。要明白巨蟹座男人对家人的爱是很强烈的，所以你一定也要喜欢他的家人、朋友，一定要和他一样爱他们，尤其是他的母亲。

狮子座

高傲的狮子男不喜欢处于被动的地位。但是爱面子的他又不会轻举妄动，喜欢上他不要主动追求，在言谈中流露出对他的崇拜才是上策。如果你爱上了狮子座男人，只要能够爱他、哄他、崇拜他就够了。狮子座的男人在他的国王威严没有受到威胁的时候，是既体贴又温和的，他会把你捧在手心上。

狮子座的男人对他的女人有严重的占有欲和支配欲，他痛恨有人挑战他的威严。他的醋劲在星座中是数一数二的，不要多看其他男人，不要事业心太重，他要在你心中排名第一，不要让他觉得他不如事业重要，他的自尊心很强，很容易受伤却假装坚强。

他抵抗不了别人拍的马屁，很容易因为轻信受骗上当。在他受到挫折时，请给他温柔的安慰，当他得意忘形的时候，请给他适时的提醒。

当你面对狮子座男人时，请你记住一个口诀："面子都给你，里子是我的。"没错，在任何场合都把他捧成皇帝，等你们私下相处的时候，你就会发现，你自己才是太上皇。再告诉你一个秘密，神气威武的狮子座男人是会怕老婆的，不过，他怕的是温柔的百灵鸟，而不是张牙舞爪的母老虎。

处女座

处女座的男人挑剔、追求完美，他对感情会思前想后，考虑诸多问题。他们要接受一段感情总要想很久，因为他们担心这段感情会不会有结果等，会把所有的因素都计算在内。所以先吸引他对你的注意是很重要的。

处女座的男人天生没有安全感，你给他一个确定的爱情，他就能像个孩子一样依赖你、偎着你，心地无私而无邪。他为了给你幸福，辛苦打拼，像个地道的工作狂，为了家担负起重担。他的占有欲非常强，对与你接近的任何一个男人他都会醋意大发。所以最好不要做出背叛他的事，因为你很难预料到他会做出一些什么可怕的事。

处女座的男人都非常会照顾人，细致、精心，连你自己都想不到的地方他都能打点的周密严谨，但是同时心思细腻的他有时候也是非常计较的，过于计较得失，过于权衡得失。

处女座的男人凡事讲求公正，他付出多少，就希望得到多少，因此当处女座的男人给你无微不至的关怀时，别忘了也要给他同等的爱，否则他会患得患失。处女座的男人是个好情人，爱情当中你要的忠贞、柔情、包容和付出，他都能做到，并尽可能的完善。

天秤座

也许你认识的天秤座男人总是风度翩翩，脾气好得一塌糊涂，但他也会心情不好，也会烦躁，只是他天性优雅，总是克制自己不表现出来而已。而他对整洁、品质和艺术的追求是绝对不打折扣的。所以不要在他面前显出粗鲁、邋遢，不要一天问他几十次"你爱我吗"，更不要没事总把分手挂在嘴边。

恋爱中的女人都希望被心上人重视，时常会用点小花招，撒撒娇，发发小姐脾气。碰到天秤座这么温柔体贴的男人，理所当然认为他会包容、宠着你。然而，天秤男很宠你没错，他会让你觉得像公主一样备受疼爱，但是理智的天秤男最反感的就是吵闹和发脾气，以及吵着要分手等考验他的小伎俩。你的撒娇一旦过了度，就会让天秤男反感，他对不理智、不够聪明的女人是无法深爱的，虽然你这样做的目的仅仅是为了让他更在意你，而他也从来不曾抱怨什么。很可能有一天，你又在闹脾气，吵着要分手，这次他却不再挽留，而是平静地与你分手。

天秤座男人的变心，完全没有丝毫预示的行为。其实他自已也弄不清楚是怎么回事，但是他心中的平衡被破坏了。他就像个不负责任的父母，把你宠坏后还抱怨你为什么这么不懂事。我想没有人愿意体验从天堂瞬间跌落地狱的痛苦，所以还是乖乖地收敛一些，你会永远是他的小公主。

天蝎座

天蝎座男人的脾气虽然不好，但是他的细心体贴并不比处女座男人、巨蟹座男人逊色。只是他需要同等的回报，所以如果你能够像他对你那样温柔体贴，他会无比死心塌地地爱你。在爱情方面他是个理想主义者，追求纯真和忠诚。只要认为女方是真的爱他，他就不会沾花惹草，被美女勾引也不为所动。可是他也要求女方能同样忠贞，一旦发现女方有外遇，他的愤怒会是可怕的，而且他会不择手段地惩罚欺骗他感情的人。天蝎座男人的醋劲，也跟他其他所有的情绪一样强烈。

虽然他不像狮子座男人那样有国王情节，但是他也是有着天生的霸气，喜欢掌控形势。不要有驾驭他的欲望，放下你的骄傲，不要在意表面上谁占了上风。

他一般对父母长辈都十分孝顺，对于这些人，你千万不要轻视、诋毁或者侮辱。愿意服从男方几近霸道的家长作风，那你也能从这份感情中有所收获。你会被天蝎男娇宠，而且不必担心他移情别恋。

他如果真正爱上了你，他就会恨不得把自己的心肝都掏给你。对于他的好，一定要表示出你的理解与肯定。你对他的好，他嘴里不会说，但这一切都会记在心里，以后一定加倍还给你。

射手座

喜欢新鲜感的射手座男人开始和你交往时还是很甜蜜、激情的。这时候他的注意力都集中在你的身上，只是能维持多久就很难说了。因为让射手座的男人把心思长期专注于谈情说爱上，的确是很困难的事。他需要身边的女人偶尔提醒一下他的粗心，但如果在他对你畅谈他的宏图伟业时，你忍不住泼他冷水，他恐怕很快就忍受不了你了。他很粗心，虽然因此会受到很多挫折，他的乐观让他并不容易被现实击倒。多接受一些教训对他的成长有帮助。

虽然射手座是知名的花心星座，其实他的花心是本性的问题，他会喜欢和多种女人交往，基本都是真心相待，很少采用花言巧语欺骗。一旦他感觉跟某个女生有投机的地方，他会很真诚地付出他的感情。其实射手男越成熟，就越渴望一个与他心灵相投的伴侣，只可惜他们多半都不会细细观察，总是轻易开始，轻易失望，于是轻易结束，他并不是存心始乱终弃。

对于大多数射手座的男人来说，自由比生命还重要，如果你限制他的自由，他会窒息，最后只能选择逃走。他爱你是真心的，不要以爱来限制他。你越给他自由，他越坦诚，也就越爱你。有时候他的直来直去会伤你的心，有时会让你下不了台。你要学会欣赏他不会拐弯抹角的坦率性格，有时他并没有意识到自己的话会伤害别人，所以你要学会调节自己的心情。

摩羯座

摩羯座男人保守的个性让他很少会主动接近别人，开朗、天真的女孩比较容易走进他的心里。给他适时的鼓励和赞美会让他信心大增。不过他不会有太热情的响应，不要失望，他喜欢彼此心照不宣。他喜欢贤妻良母型的女人做妻子。他是非常重视家庭的，大多数的摩羯座男人选择妻子时会很尊重家人的看法，为了家人放弃女友的事很常见。如果想得到摩羯男的心，先让他的家人喜欢你，成功的几率就很大了。摩羯男永远是实际的，对未来他也有着实际的野心。他更愿意娶一个对他事业或是社会地位有帮助的女人。

他是一个很传统的男人，骨子里的大男子思想很严重。你可以热情大方，开朗活泼，但是行为举止还得在传统的社会规范中。或许在某些场合，他会难得放松说些轻佻的话，但那绝不表示他将认同你有这样的表现。尤其是在他的上司、老板或是员工面前，很少有男人比摩羯座男人更重视社会地位、社会评价的。你可不要做他的绊脚石。

嫁给一个摩羯座的男人，就像买了终生保险，虽然不会常有甜言蜜语可听，但你会得到一切最实际的照顾。帮助他早日完成他的理想，你就是他心目中永远的贤内助。

水瓶座

水瓶座男人的矛盾和怪癖使他总是让女人又爱又恨，他有着非凡的魅力，对女人极有风度，但是有时候在感情方面又很自私、冷血。

和他恋爱时，他不会整天在你的耳边说甜言蜜语，也不会用带感情的词语点燃你。他对你有极大兴趣，他不把目光定焦在你的外表，而是喜欢更加深入地了解你的内心。

水瓶座男人喜欢聪明而独立的女人，因为他渴望的不仅是妻子，还需要你当他的朋友。过于依赖男人，没有自我的女人会很快让他乏味。能够让水瓶座男人偷偷思念几十年的女人，往往是当初不把他放在眼里、潇洒独立的女人。他渴望他的女人不但能够给他空间，也要像他一样独立自由。他对一切新鲜奇特的人或事都有着浓厚的兴趣。所以特立独行的女人更能引起他的注意。要让水瓶座的男人爱上你，除了要够聪明之外，还要够爱自己，一哭二闹三上吊的女人在他眼中是作贱自己。

水瓶座男人的周围往往围绕着很多女人，所以他的妻子一定要足够宽容和自信。他的独特魅力会使他吸引不少异性，你要允许他与别的女人保持良好的关系，其实他只是需要更多的新概念充实他的大脑，水瓶男的自制力很强，他通常都会比较忠诚。

双鱼座

如果你喜欢浪漫，那么双鱼座的男人是不会让你失望的，他的温柔体贴和丰富无比的想象力，会给你带来前所未有的甜蜜和欢乐，会让你觉得自己生活在童话世界。然而这也是他最大的缺点。正是因为双鱼座男人懂得如何讨女孩子欢心，所以他的多情也是出了名的，不会约束自己的情感，常常见一个爱一个，并且对每一段感情都是真心付出。

双鱼座的男人是浪漫的幻想家，很多双鱼座男人也的确在幻想中度过了一生。他对于现实有时会选择性忽略。你要擦亮眼睛，如果你渴望安稳踏实的生活，请三思而行，他也许不能提供给你必要的保障。

双鱼座男人永远温柔如水、情深似海，很少有女人能够躲得过他的温柔。如果你爱上了双鱼座男人，你要温柔，更要勇敢，有的时候要小鸟依人，但更多时候请像个坚强的母亲。最好相对强势些，给他力量，帮他整理想法、理清思绪，这样他会越来越依赖你。

星座 好老公榜

天秤座

天秤座男人在婚前总是瞻前顾后，总觉得万一有更好的可怎么办，所以所作所为经常让人恨得牙痒痒的。可是一旦步入婚姻，他就会对你产生一种归属感，继而表现出天秤座男人温柔体贴的一面，这样的老公那是再好不过了。他们结婚前后最大的改变就是"责任感"，他会慢慢学习去面对很多事情，责任感就会慢慢地一点一滴地积累起来。

天秤座男人是注重自己绅士形象的人。在公共场合里，即便你再任性他也不会破坏自己的绅士形象，他会显得很有风度，但是这不代表他心里不嘀咕，只是为了顾全他的绅士形象才不会当场发飙，但是内心里他可能会很介意。好脾气的天秤座男人不会觉得吵架是件好事，他们更愿意维持"和平"，和你的意见不和时，文雅的他会争取用温和的方式处理；更重要的是，天秤座男人一旦结婚，就会对伴侣产生归属感，会极尽全力发挥天秤座男人温柔体贴的一面，而且很重视伴侣的意见，一旦被挑出错误就会马上改，绝对是个好管理的"乖孩子"。

金牛座

如果你想要踏实的安全感，那金牛座座男人一定能给你！金牛座男人不轻易做出承诺，可是只要是他承诺过的话，那一定会实实在在地做到。金牛座男人就像牛一样务实，找他做老公，绝对会有安全感。他有宽厚、敦实的肩膀，有深沉、博大的胸怀，虽然看起来有点闷闷的，但是不代表他没有情趣。金牛座男人不怎么浪漫，比较直接，对你的爱在日常的生活中就有体现。务实的他最受不了的就是爱浪漫爱得发疯的爱人，他会觉得那简直就是大脑进水了。

只要你能够丰富他的感官，还能让他感到与你的关系安全、可靠、持久，他就会给你爱情和友谊，在你情绪不好时他用简单的忠厚支撑着你，他给予你深信不疑的现实世界里的爱和支持，是一个让你安心的、可爱的丈夫、稳定的情人。他帮助你建立现实的生活：银行的存款月月有增，他带着你提高生活的品味，和你手拉手谈情说爱。

巨蟹座

巨蟹座男人性格温柔，脾气好，注重家庭，除了有时候性格上表现得比较情绪化、疑神疑鬼以外，基本上算是一个上得厅堂、下得厨房的好老公了。嫁给这样的男人，他会把你捧在手心里，时时对你宠爱倍致，对你的要求言听计从。巨蟹座男人是最喜欢家庭的星座，他们恋家、怀旧，敏感而细腻。他们内心对妻子的爱会用语言和行动充分地表示出来，也360度全方位地保护着妻子和家庭。虽然他是很居家的男人，但是他对金钱的敏感度和对家庭的责任感，让他很努力地工作，为你换来舒适的物质生活。

他会让你知道家的温暖，不但能够给你浪漫和理解，还给你母亲般的关怀。他像是有特异功能，能够准确地捕捉你情绪的微妙变化，抚摸着你的心灵。

处女座

处女座男人的痴情和专一是闻名遐迩的。他一旦动了心，往往会十分投入，甚至终身不渝。作为老公，处女座男人可以算是完美的了。

他安全可靠，又心灵手巧，他懂得照顾女人，为你服务，他不粗野、霸道，无比的体贴细致，他不停地提高完善自己，他是个文明的绅士。女人需要的安全、稳定、现实的生活，他都能够提供给你，能安排你的生活，处理你的账单，关心你的饮食起居。他的细心和理智可以让他把生活打理得非常完美。

很多时候他虽然表现得对家人比较唠叨，但更多的时候是对自己要求甚严，为了让自己的女人和孩子生活得幸福，他往往会努力做到一个好员工、好领导、好老板、好老公、好父亲的形象。当然他追求完美的个性，也意味着你要不断进步，否则就准备被他唠叨到死吧。

摩羯座

摩羯座男人性格踏实，内心比较缺乏安全感，所以摩羯座男人往往希望自己的家庭能够成为可以依靠的温暖港湾。没有哪个星座比摩羯座更小心翼翼、渴望安全了，所以摩羯座男人常常希望找到一个稳固、值得依赖的对象，或者让自己成为一个值得对方依赖的人。他成熟理智、坚实可靠，对于很多怀着恋父情节的女人来说，他是一个完美的、安全的、父亲般的男人。他的头脑里充满了谋略，他追求的感情不是惊天动地、高潮起伏，而是细水长流、平淡是真，大部分的支出都是用在投资家庭生活方面，绝少其他无谓的浪费，而且有长远的积蓄计划。

最不会哄老婆的星座男

刚刚说完最适合做老公的星座男，都是从综合的角度考虑的。但是女人总是要求完美的，谁不希望自己的婚姻生活甜甜蜜蜜，老公既要有责任感还要有情调，既要潇洒又要精致。但是人总是不完美的，有些星座男可能是好老公的上选，可是美中不足的是不太会哄老婆。所以还是全方位地了解他们吧，好有所抉择。

天秤座

巧得很，几个不会哄老婆的星座大都是传说中的好老公星座男，这可是让女人很头疼的事。更费解的是，天秤座男人是那么的绅士、那么的温和，而且生就一张会说话的巧嘴，怎么能不会哄老婆呢？

其实对天秤座男人来说，他觉得对自己爱的人用甜言蜜语哄是很虚伪的表现，他不愿意这样。他哄别人都游刃有余，常常能让人非常依赖他。但是面对自己在意的人的时候，他反倒不知道该如何去哄。他看到自己爱的人发脾气，就傻了，不知所措。就是因为不知道怎么去哄，就干脆不去哄了，结果造成女人越哭越伤心，他在一边生闷气不知如何是好。

魔羯座

摩羯座男人永远是理智、冷静的，即使在面对他的爱人时也一样。理智到对任何人、任何事都能就事论事，在他面前，你发脾气完全不管用，只会让他觉得你太幼稚不懂事。但是如果他爱一个女人，他反倒会较上劲，不但不会宽容女人的小脾气，还一定要分清事情的对错，让女人明白自己是无理取闹。因为摩羯座男人务实的原则在感情中也丝毫不改，他觉得哭闹解决不了问题，哄女人也不能改变什么。他需要的是一个温柔、懂事的妻子。

白羊座

本来就脾气暴躁又直来直去的白羊座男人，能少去得罪老婆、少挑起战火就是万幸了。粗线条的白羊座男人没那么体贴，注意不到妻子的情绪，更不用说及时去安慰、去哄了。何况他本身大男子主义很严重，觉得男人低声下气的不像话，再说他自己本来也不明白哪里得罪老婆了，自己委屈得很。所以老婆对他发脾气、吵架，他的第一反应肯定是反驳、对吵，很多时候像是个大小孩，没有让一让哄一哄老婆的概念。直到老婆生气了，收拾东西回娘家不理他的时候，他就傻了，这时才反应过来，再去补救。

金牛座

闷闷的金牛座男人让人觉得就不会哄老婆。他实在是没有说甜言蜜语的天赋。不过主要还是因为他想息事宁人，觉得不说话忍忍就过去了，不到万不得已的时候不会去哄老婆。看到老婆生气，他们的第一个反应是"忍住"，第二个反应是"闷住"，然后观察情况，看看会不会很快就过去了。要是老婆依然怒气不减，他们才觉得应该哄哄了，当然他们会采用送老婆礼物之类比较务实的方式。

[需要小心提防的 星座老公]

婚姻幸福是女人一生的大事，每个人都很在乎。大家都擦亮眼睛小心翼翼地观察着男人，唯恐哪点看错了，让自己嫁错了人而后悔莫及。但是男人的性格多种多样，而且人都是会变化的，婚前也许完美无缺，婚后变得无法想象，这些都让女人们胆战心惊。有些男人可能努力工作、积极上进，但是事业有成后就会变坏；有些男人可能是性格问题，难以抵抗诱惑，总之，即使女人嫁了人，依然问题多多。郁闷的是这些让人不放心的星座老公有不少还是优秀老公的代表。

天秤座

和天秤座男人在一起，女人恐怕很难放心。因为天秤座男人通常都是外表英俊，谈吐幽默又有绅士风度，这些让他相当有女人缘。虽然天秤座男人可能没有主动犯错误的想法，但是他天生犹豫，不懂拒绝，很难抵抗别人的诱惑。只要有女人稍微引诱一下他，他就很可能会跟着对方走，因为天秤座男人感情的天平一直都在左右摇摆，让他最难做决定。在他犹豫不决、迷茫的时候，也许就半推半就地从了人家。

魔羯座

魔羯座男人一直是大众心中好老公的代表，为什么一旦有钱他就会变坏呢？这还要看魔羯座男人的际遇，如果他从小到大比较顺利，可能不会有太大问题。但如果从小就过着艰苦生活的魔羯座男人，一旦有朝一日暴富起来，那么他就很可能性情大变。因为摩羯座男人太过理智，他总是压抑自己，于是在艰苦生活中长期累积的压力会在他暴富后一下子爆发出来。此时的他会被这种暴富冲昏头脑，希望能弥补自己过去损失的东西，忘记自己那段痛苦不堪、穷困的日子，比如有了钱之后，抛弃糟糠之妻。

双鱼座

双鱼座男人在穷困的日子里，经常忍气吞声，有火发不出来，一旦有了钱之后，就会彻底改变自己，把之前的怨气发泄出来，如果过去有欺负过他的人，他一定想办法整对方。双鱼座男人属于爱享受型，有了钱之后，不会像过去一样节省过日子，会变得挥金如土。另外优柔寡断的双鱼座男人也难以拒绝别人，因为太害怕伤害对方，所以可以委屈自己接受对方，这就是面对诱惑时失足的致命弱点。因为他会在还没有遇到让他不顾一切的人的时候，定力会很不足，当面对一个有才有貌、具有一定程度的诱惑力，或者是有吸引他的魅力的异性时，他也是没有办法让道德观念束缚住自己。

金牛座

金牛座男人是一个很重视金钱和物质的人，过去没钱的日子，他会奋发图强，会努力向人生目标前进，无论多辛苦，都不会放弃。但有了钱之后，他骨子里的享乐思想便跳出来成了主导。他的意志变得越来越薄弱，很容易迷失自己。本来积极向上、为家庭奋斗的金牛男，有了钱后，生活和物质上充实了，但目标和乐趣却越来越少了。

射手座和双子座

射手座和双子座都是著名的花心星座，脑子灵活、热爱自由，喜欢交异性朋友的射手座男人和永远是好奇宝宝的双子座男人，自然不会因为有了老婆或女友就老老实实地待着。他们也不可能让老婆成功地管住自己，越管他们反而越想反抗。要是再有自动送上门的艳遇，他们基本上是很难控制住自己的。

白羊座

白羊座男人的男人看起来单纯，别以为他直肠子没心眼，结婚后就会很老实。别忘了白羊座男人婚前也是很吸引女人的，他们喜欢新鲜、变化的习性也是不会改变的。责任心强的他也许不会去主动招惹别的女人，但原始本能强烈的白羊座男人面对女人的主动诱惑时，可不一定能把持得住。本来就喜欢冒险又重视外貌的白羊座男人说不定哪天就被哪个充满魅力的女人勾引走了。

A型血男人

性格

A型血男人为人严谨正派，讨厌虚荣和故弄玄虚。他态度诚恳，不喜欢夸张的谈话。责任感很强，别人拜托他的事，一定如期完成，同时也明礼重义、知恩图报。但是他固执而欠通融，而生活中倒是很少与他人产生冲突。因为他表面上看起来很温和，其内在感情的波动却相当激烈，不过看起来总是平静无事，因为他在压抑自己。但是长期郁积的不快，在忍不住的情况下，也会像山洪一样爆发出来。

他待人接物细心谨慎，避免伤害他人的感情，也不给周围的人带来不愉快。他既乐于助人，又不肯轻易相信别人。与A型血男人初次见面，一般都觉得他们和蔼可亲；但是令人难以忍耐的是，接触了多次，他们的态度仍像初次见面时那样，不说一句心里话。

A型血男人有很强的务实精神，注重实际、实效和实在的感情，非常勤勉和务实。随着时间的推移而赢得周围人的信赖感，故他是以内在来取胜的。他的生活态度非常明确，不论是工作或生活，都以收入为最大的目的，对于有损自己利益的亏是决不吃的。

爱情

A型血男人对喜欢的人不会轻易表白、追求，他会考虑很多，更不会贸然敞开心扉接受爱自己的人。因为他在恋爱问题上最为小心谨慎。因为他的自尊心很强，怕遭拒绝被抛弃。他一般不是很注重外貌，也不重视对方的聪明才智。他首先考虑的是"安全感"，希望生活伴侣是自己信得过的人。他一般喜欢诚实、单纯、性格直率的女人。

但是矛盾的是，他一旦遇上能理解自己的人就会立即倾心。这是因为A型血男人希望自己尽善尽美，常为别人对自己的偏见和不正确评价而苦恼。当A型血男人认为对方是能理解自己的人时，就会被对方所吸引。

A型血男人对于爱情是忠贞和传统的，越深刻的爱越会让他觉得心动。进入恋爱模式的他往往是奉献者，一切以爱人为主，却往往把爱人宠得骄纵任性，虽然A型血男人可能什么也不说，却并不代表看不到这些。但是他依然一味地忍让，他容忍的越多，看到对方的缺点也越多，当累积到一定的程度，A型血男人的痴情也被消磨殆尽。因此爱情也就消失了。他恋爱时痴情专一，从不会三心二意，被伤害而分开后也会很绝情，绝对不会回头，毕竟他付出的太多，被伤得太深了。

B型血男人

性格

B型血男人个性开朗、乐观，凭感觉判断事物的能力强，而且完全以自己的判断作为依据，形成看法便不易改变。在社交场合，他总是能应对自如。不受固有观念的束缚，同时缺少对事物的执着追求。好奇心强，兴趣广泛，热心投入与自己志趣相投的活动中。与对于不安和危机感的考虑相比，他更倾向于凭感觉去追求自身的价值。B型血男人对自己的言行，向来都很自信，而且也很负责。

他视野广阔，所以形成了不拘小节的个性，对重大事物都能把握其重点。崇尚自由和个性，进入社会后更想以工作成绩来决定胜负，而不重视工作态度。重视友情，所以他的朋友很多，为人直爽，对待他人非常热情，即使对方和自己意见不一致，也表现得毫不在乎。

B型血男人很乐观，不喜自我反省，做事时不计前因后果，而且也不在乎别人对自己的看法。虽然B型血男人重实际而富有执行力，但是兴趣却很容易改变，很难持续下去。如果能发挥好的那一面的话，可以很完美地完成工作。话不多而重行动，喜欢去完成他人完成不了的任务。

B型血男人心志不定，具有强烈的好奇心，缺乏耐心、毅力，时而懒散时而心细，尤其健忘，这都是B型血男人最大的缺点。

爱情

B型血的男人一般容易对自己身边的女性日久生情，所以他的爱情常常是友谊的延续。B型血的男人选择的恋爱对象通常是自己身边的同学、同事，但是他们一旦投入爱情，往往表现得非常狂热。一天不见对方，他就会魂不守舍。在恋爱期间，他常常会变得很黏人，总是希望两个人结伴去做什么，这样的性格容易让对方厌烦。

喜欢暧昧是B型血男人的通病，他们喜欢这种似是而非的感觉，有着诱惑力和吸引力，却没有束缚和压力，一切都是未知，有着无限的浪漫空间。真正走入恋情中时起初可能还觉得甜蜜，可是时间长了，激情淡化了，也让热爱自由散漫的B型血男人不能像单身时那样潇洒，很多责任也随之而来，弄得他开始紧张，觉得窒息，再遭遇一个爱束缚他的恋人，B型血男人会觉得这样的恋情实在是太痛苦了，为了自由只好放弃了。当然他离开的时候也会是恋恋不舍的。等他发现下一段恋情也是同样的过程时，就开始怀念上一任恋人。

AB型血男人

性格

AB型血男人具有A型血和B型血男人综合的性格特质，所以在很多地方他显得很矛盾。他看起来智慧、善变、神经质，且分析锐利。因为精于打算，不轻易表露自己的真实想法，所以多少给人以难于融合的印象。具有很好的平衡能力和优秀的社交能力。博闻广识，话题新颖而丰富。给人以干练、优雅、恬静、柔和的印象。

在团体中他将复杂的人际关系处理得很好，充分发挥其高度的聪明才智。而且他的虚荣心很强。他常常显得冷静、慎重，做事果断而有弹性，不会令人觉得刚愎自用，而且处理事物有条不紊，使别人对其表现欲不会产生反感，反而认为这是他的优点。对事物的处理，不会被感情所左右，一切以公平、公正为原则。在遇到挫折时，表面上显现出若无其事之状，但在其内心，他会不断地反省，寻求挽回局面的好办法，用冷静的态度解决棘手的问题。

AB型血男人无法将其思想做出有条理的表达，给别人的感觉就是杂乱的，而且其本身也很难控制自己的情绪，为此经常显得烦恼重重，因此AB型血男人易怒、焦躁。

爱情

AB型血男人在爱情方面也是矛盾的，他一方面将自己沉浸于幻想出的极具戏剧色彩、缺乏现实感的恋爱模式中，另一方面可能又希望和恋爱对象以好朋友的关系相处。在这样的相处关系中，AB型血男人不断观察对方，主要还是针对对方的人品等方面。AB型血男人的爱情特征是：好依赖对方，但不善于对方依赖自己。AB型血男人本性就是对任何事都保持冷静的态度，很少有沉溺于某一事物的现象。

AB型血男人内心充满着B型血男人的浪漫和欲望，但是A型血男人的谨慎又束缚着他的言行。所以通常他是愿意维持稳定持久的恋情。但是毕竟他是在矛盾中的，如果恰好在他的浪漫占上风的时候，正好有人看上了他，来主动地诱惑和勾引，在他平静的生活中激起涟漪，他就不想再做乖宝宝了。AB型血男人是一旦浪漫起来什么都不要的人物。不过他的犹豫让他总是处于被动的状态，自己很少主动决定爱情的去留。

O型血男人

性格

O型血男人乐观豪爽，性格明朗外向，理性重于感情；意志坚定，好出风头，做事有决断力，执着，充满自信，对周围事物要求严格。他很善于精打细算，对于财富感觉敏锐。在办事的时候，O型血男人会全力以赴，越是处于艰难的状况，他越会感觉到富有挑战性，做起事来也就更有劲，不留恋于感情的窠臼。

他总是能够先行于时代和他人，极具开拓精神。O型血男人具有高度的判断力和积极的做事态度，而且性情开朗，但是对于事情的看法，不会立即下定论，必须客观判断或经过求证，才会改变原有的态度。

O型血男人总是被认为能够克服现实的困难，但一旦不能忍受现实的生活，就容易被烦恼的事所压倒。遇到挫折时，会完全失去自信，从而导致严重的精神疾病。他有着极佳的适应能力。对于利害关系，他向来非常敏感，所以他绝不会做出任何有违客观事实的事情。

爱情

O型血男人不喜欢没有个性的女孩，他的占有欲强，喜欢温柔的女生，更喜欢崇拜他、能理解他的女生，很容易一见钟情。

O型血男人一旦遇到喜欢的对象，就会天南地北地聊，表现出自己最好的一面，举出他最得意的事，不过偶尔也会通过犯傻或者扮演小丑的角色来博取对方的好感。

很令人惊讶，看起来活泼开朗的O型血男人其实还是比较渴望一份稳定、认真的恋情和可靠的恋人，而不是像花蝴蝶一样穿梭于几个女人之间。但是O型血男人对于感情的要求太过追求完美，就显得有些挑剔了。如果对方不能感觉出O型血男人对爱情的紧张，也难以接受他的挑剔，这样常常会令O型血男人感到失望。如果恋情到了尽头，O型血男人一旦决定了要离开，就不会再犹豫，更不会拖泥带水再吃回头草，他的热情只会献给现在的恋人。

$$\begin{array}{|c|}\hline 了解 \\ 生肖男人 \\ \hline\end{array}$$

属鼠人的性格

鼠男表面沉默寡言，内心却蕴含着热情。他们性格开朗、活泼，善于交际。很珍惜与亲朋好友的关系，并对其有着深深的依恋。他喜欢参与组织各种聚会。在社交场合，他总是以自己的聪明、机敏活跃气氛。

他直觉敏锐，能预测危险，并因此停止正在做的事情。但也有不相信自己直觉的时候，这时就碰得头破血流。无论在多么险恶的环境中他也不会意志消沉，即使所有人都愁眉苦脸，他也会表现一副积极乐观的样子。勤奋、积极进取，意志坚如铁。有顽强的生存能力，灵活机变的适应能力。不喜欢突出表现自己，没有虎虎生威的魄力，不具备咄咄逼人的气势，但他不屈不挠，默默奋斗，为事业、为家庭不达目的绝不罢休。

属牛人的性格

牛年出生的男人责任感强，勤勉踏实，所以工作中很受上司的赞赏和信赖。即使工作中遇到了困难，他那坚强的耐力也会让他突破难关，坚持到底。他是那种通过努力工作以获得利益和成果的人，但不肯把自己的想法与心情坦白地说出来，所以旁人也很难理解他，属牛男人的个性，即使与人发生纠纷，也不会将自己的不满发泄出来，而是让大家心平气和地沟通。

他在思维方面显得老成、迟缓，极端固执。他最大的缺点是缺乏通融性，不接受朋友的忠告，最后往往变得固执己见、独断专行。他发怒时犹如一只粗暴的蛮牛，使人不敢接近。他爱憎分明，绝不会勉强自己和不喜欢的人交往。可是他的内心有想领导别人的欲望，所以对依赖自己的人照顾的相当周到。

属虎人的性格

属虎的男人通常比较霸气，他的独立性和自尊心都极强，喜欢单独行动，不太合群。属虎的男人有着天生的权威感，希望自己身居高位，掌握权力，喜欢让别人服从他。但做事急进、鲁莽，这是他经常失败的原因之一。但当他遇到挫折、阻力或失败时，便会当机立断，从头做起，直到成功为止。喜欢与人争辩，从不认输。若要属虎的男人信服他人是一件非常困难的事，比较顽固、好胜，容易与人发生争执。

属虎的男人是心急而且容易冲动的人，他的判断有时不一定正确；他讨厌规则，除非规则是他定的，生活中我们常会遇到经常换职业的属虎的男人，因为他不喜欢在原处滞留不动或者受外力限制。

他有着强烈的正义感，即使对方是上司，只要他认为对方有错误，便会理直气壮地提出批评。属虎的男人对钱并不是特别感兴趣，并非指他没有钱，而是他对钱并不很在意。属虎的男人喜欢保持诚实，无法忍受权威或任何不公平的待遇。他憎恶不公，会拼命地为自己的想法申辩。

属兔人的性格

属兔的男人往往特别温和，谦谦有礼；潇洒、机敏、有耐心；善良、纯朴、富有责任感。在社会交往中，属兔的男人对朋友礼尚往来，坦诚相见，言必行，行必果，不虚情假意，但是他对初次见面的人总是保持一定的警惕性，让时间来证明此人是否可以深交；他最珍惜少年时代的朋友，特别是同学中的好友，他永远珍惜这种纯真的友谊。他仪表堂堂，潇洒大方，总是带着温和的微笑，待人接物彬彬有礼，让你感到诚恳、可信。然而他的性格柔中有刚；对于麻烦的事，总能处理得有条有理，遇到困难、坎坷，从不灰心气馁，始终不懈地努力，终会得到转机，取得令人羡慕的成功。

属龙人的性格

属龙的男人个性令人难以捉摸，属于富有野心的梦想家。喜欢冒险、追求浪漫的生活，同时性情淡泊，不拘泥于世俗之见，给人一种大人物的风范。他平日里看起来很懒散，可他行动时，却比一般人更积极、更具有雄心壮志，但在行动之前欠缺深思熟虑，总想一步登天，我行我素，不在意别人的意见。

当他为自己的梦想奋斗时，是十分有激情的，可是一遭受挫折，这种激情就立刻减退，变得灰心丧气，不肯再继续做下去。属龙的男人并不贪求权力，也不会击溃他人以获得更高的地位，因为他生来就已经拥有了这些。

属龙的男人是多愁善感的，很怕妻子的眼泪攻势，因为这会瞬间让他的心软化，变得温柔体贴。

属蛇人的性格

属蛇的男人富有实力，是理想主义者的典型。他们大多数衣着讲究，注重仪表，很能吸引异性，但也往往给人一种虚荣的感觉。

他可能外表冷漠，但其实内心十分热情。在新朋友面前，善于保护自己，但与朋友相交较深后，便会处处关怀对方。做事有计划、有目标，能够循序渐进地达到成功。他对所喜爱的人、事，必努力争取；也善于利用空隙，有捷足先登的本领。上进心强烈，使他能获得一定的成就，可惜生性颇为吝啬，疑心较重，所以在人缘方面也有时好时坏的情形出现。因为好奇心很强，所以连旁人的事也想知道。他表面温和，是一位专心致志、意志坚定的人。懒惰是属蛇男最明显的特性，也是唯一的敌人。他的野心很大，却总是因为懒惰不能成事。

属马人的性格

属马的男人有着不肯服输的性格，因此要求凡事都能激励自己积极奋斗。但他的弱点也不少，如没有恒心，较难保守秘密，连恋爱的对象也经常换。他性格乐观而健谈，与他人相处融洽，朋友很多。属马的男人是难以管教的孩童，在痛苦之中长大，一到中年他就变成了了不起的人。他喜欢表达自己，必须在能表达自己特点的气氛中，自由自在地行动。在家里，花瓶中必须插满他最喜爱的花，食物也必须是他喜爱的。他很少考虑别人的观点，始终坚信自己的方式就是最佳方式。

他渴望独立自由的空间，没有父母或者亲人来干预他的私事。不受任何限制是属马男人的梦想。他常将不可能的事当成轻而易举就能办到的小事，因为他敢于冒险。

属羊人的性格

属羊的男人往往为人正直、亲切，易被别人的不幸经历所感染。他的性格温顺甚至有些羞怯。当他的各方面都处于巅峰时，往往是风度优雅的艺术家或有创造性的工人，而当他处于事业及其他方面的低谷时，则是一个忧郁伤感、悲观厌世的人。

他克己的外表和内心容易呈现出不一致的状态，宁愿暗怒不语，也不愿将自己的想法加以详细说明，更不愿意表现出扫兴的状态，他在沉默的僵持中坚持己见。属羊的男人大多在童年时期是受父母娇惯的。他有颗纯洁、善良的心。他在时间上慷慨、在金钱上大方，非常愿意为朋友伸出援助之手。

属猴人的性格

属猴的男人具有强烈的进取心。他从小就爱好读书，将聪明智慧首先倾注在学业上。他不甘落后，总希望学习成绩优秀，因而勤学好问，博闻强识。但有时不求甚解，不够细致、专心。经过刻苦努力，能够成才。

他对工作讲究兴趣。如果不愿意干的事，他可能表现得马马虎虎，掉以轻心。但是对于感兴趣的工作，他会全身心地投入，不怕艰难，不顾干扰，非取得成功不可。

属猴的男人精明能干，风度翩翩，能抓住机遇创造财富，但他花钱大手大脚，从不节省，故难以节约开支，需要有一个贤内助在生活上管住他。他十分好客，对待朋友坦率、诚恳，平等交往；也爱打抱不平，乐于助人，但不太善于处理上下级关系。

他热爱生活，精力充沛，对新的世界具有好奇心，敢于冒险，喜欢刺激，总是有新发现。他开朗乐观，充满风趣，活泼有余，严肃不足。他不受管束，无忧无虑，最喜欢过自由自在的生活。

属鸡人的性格

属鸡的男人擅长看穿别人的心思，反应敏锐，无论遇上什么突发性事件，都可以立即想出有关的对策，在人际关系方面，他属于社交能手，和新相识的朋友都可以和睦地相处，所以，能成为一个温和、亲切的人。但是也可能会成为一位心术不正、狡猾的人。

他的前途光明，但是有时也会定下不大可能实现的目标，因而可能会有遭遇失败的命运。属鸡的男人乐于从事冒险、旅行等活动，对权威没有好感，乐于帮助他人，有时甚至会过头。他在艺术、音乐和文学方面都有惊人的天赋，却很少从事这方面的工作。他通常有先见之明，事事都能比别人抢先一步，看清未来发展的动向，做事有计划，常有新奇的构想，办事能力强且思考周密。

他头脑灵活，但因为性子太急而导致失败的几率很大。容易以自我利益为中心，处事乐观但有些刻薄，常常自吹自擂。说话不保留，易忽视旁人的感受与尊严。出言欠谨慎是他社交上的最大阻力。

他相当注重打扮穿着，是一个追求时尚的阳光男孩，对色彩和时尚元素天生敏感。

属狗人的性格

属狗的男人生性纯朴正直，诚实友善、小心谨慎，为人忠实可靠。所以要与他人成为亲密的朋友时，他必须花一段时间去观察。不过一旦认定了某人之后，便会真心诚意地对待。这种性格不只是出现在恋人与朋友之间，就连与自己单位的领导也是如此。

他富于正义感，讲义气，重人情道义，做事全力以赴。但是由于欠缺表达能力，所以很难将自己的心意传达给对方，很容易给他人留下顽固者的印象。

由于忠诚的个性，属狗的男人常从事以服务他人为宗旨的职业，他不会去犯罪，不寻求利益，只需要安静的生活与一个好的家庭，并由此而忘却尘世的丑陋与邪恶。属狗的男人常常因帮助别人而忘了自己的事，他不会在意自己的利益，一旦发现自己被狡诈的人出卖之后，就会觉得震惊又受伤。

属狗的男人秉性纯良，绝不会做坏事，然而他的感情起伏较大，易躁易怒，而且批评别人时尖锐、直接，不留余地。他缺乏责任感，会将自己的错误归到他人的身上。

属猪人的性格

属猪的男人，通常都很温柔、善良，他拥有坚毅与冷静的头脑。无论自己遇上多么不好解决的问题，总能细心、恰当地处理。至于人缘方面，待人接物都比较热情，所以会有很多的朋友，当遇上难题时，会有一群好友来帮助他。他做事必定尽力而为，不论何事他都能很负责地去处理，直到完成为止。

属猪的男人，喜欢舒适、享受的生活，他在生活所能提供的美好事物中，有着高雅的审美眼光。属猪的人知识丰富，在意志上表现颇佳。他是天真浪漫、开朗温和的人，从不会怀疑别人，所以很容易上当。做事非常专心，一旦确立了目标，便会将全部的精力投入。属猪的男人虽然不会拒绝别人，但也绝不肯求别人帮助。他渴望真诚，也以此来要求自己的恋人和朋友，对他不诚实的人，他很难长期交往下去。

$$\begin{bmatrix} \text{十二生肖男} \\ \text{爱情解析} \end{bmatrix}$$

属鼠的男人在爱情中对待未来另一半的判断，是不够果断的。他易被周围环境影响，容易因一时的冲动而做出最后的决断。如果你是个活泼好动的女性，想抓住属鼠的男人，那你就得稍微改变一下自己了，需要扮成斯文的淑女。在属鼠的男人的心灵深处，贤妻良母型的女子始终是首选。而跟着头脑灵活的他，相信你不会过什么苦日子。

属牛的男人不善于直接表达自己的情感。他感情较为保守，喜欢以安静的、间接的方式表达爱意。他太过务实，几乎跟浪漫没有什么联系，因此和他恋爱恐怕不会有太多的情调。

属牛的男人的梦中情人是开朗而不开放、活泼而不放肆的那种女孩。对付属牛的男人，你可得稍微主动些才行。在交往时给他一点巧妙的暗示，或者借由第三人之口告诉他你的想法，因为属牛的人多半在爱情上迟缓一点，所以需要你主动。但是掌握好分寸也同样重要，毕竟属牛的男人比较传统，对豪放女没有胆子去接受。

属虎的男人心中的恋爱对象往往是众人瞩目的女人。他对爱情有着较强的意志，要选就选受大家欢迎的。目标远大，在爱情的路上也备受考验，因为心中选的都是条件优秀的异性。

想抓住属虎男人的心，首先你得显得柔弱，其次千万不能软弱。属虎的男人喜欢在二人世界中去营造爱情的气氛，有个柔弱的女性追随他，是最容易让他坠入情网的。多加强体育锻炼，因为他需要心上人有一个好体魄跟他一起疯。跟他在一起的时候，无论何时都要记得，你永远要比他弱一点，你是被他照顾的对象，这样能最大程度地唤起属虎男人的保护欲。

属兔的男人对爱情最忠诚，他不会轻易地爱上谁，但如果感受到了真诚的爱，看准了值得爱的人，就会一心一意为心爱的人献上一切。喜欢将爱情沐浴在阳光下面，肯接受别人审视的目光。

属兔男人天生爱干净、整洁，若你喜欢他，把自己收拾得干干净净后再去学习如何做一个小资女孩吧。要尽量避免在他面前做一些破坏环境的举动。因为属兔的男人对生活的品质要求相对较高，所以，一个清爽、可爱的形象是最能吸引他的。每次见他时，都要把衣服整理好，漫不经心的女性他是不会喜欢的。

属龙的男人在感情方面相当脆弱，所以纵有很美好的恋情，也要以旁观者的眼光，冷静地观察对方是不是可以托付终生的人。以免将来生变，经不起打击，属龙的男人通常都会晚婚。你得先从心里俘虏他，因为他是最重视内心交流的，要成为一个在精神上鼓励他的人。除了做他的心灵伴侣，还要在事业上给他帮助，在精神上给他鼓励。你无需勉强自己做一个小女人，只要你能在思想上与他并驾齐驱，就能赢得他真正的尊重和爱情。

属蛇的男人常常引来桃花不断，那是由于他对任何事都很敏感，心中自然会散发出异样的热情，很容易使爱人产生不信任感。属蛇的男人心思敏感，总能在第一时间察觉对方的目的，而且大多数人有凉薄的天性和伶俐的口齿，会抓住任何机会攻击对方。

你如果真心喜欢他，那就做一个心无旁骛的阳光女孩吧。要让他觉得他是你心目中很重要的人。因为属蛇的人是细心又敏感的人，心思总是游移，让人不易捉摸。在他面前玩小聪明可不太好，他需要的是真诚与等待。他也会迷恋对方，可是却不会立即展开追求，独占欲非常强烈，如果无法彻底了解对方，便会有一股不安的情绪。

属马的男人，对于爱情的危机意识显得相当敏感，一旦陷入魂不守舍的爱情之中，很容易失去自我，但在感情上遇到问题时又显得不太负责任，所以，恋爱一般都是不长久的。

他虽然很崇尚一见钟情的感觉，但在内心深处却对那种关系抱有怀疑态度。属马的男人对爱情没有安全感，需要时间去改变他的想法，可以先从工作或生活的细节开始，先拉近彼此的距离为好。从友情慢慢过渡到爱情是属马男人最能接受的方式。

属羊的男人天生就具有强烈的悲天悯人之心，很容易被楚楚可怜的女孩打动。若你喜欢他，便做一个柔弱、忧郁的可人儿吧，那可是会最大限度地激发属羊男人的怜爱之情的。让人怜惜、让人爱护的女性才能打动他的心。属羊的男人可不喜欢假小子类型的女人，快换上你那专属于女性的行头吧，让你的柔弱、可人去激发出他的无限爱心吧。

属猴的男人喜欢同样有着飞扬、跳脱个性的女子，他喜欢恋人之间真诚坦率。在他面前，你完全可以卸下自己的伪装，做一个真实的自己。

他认为两个人在一起最重要的便是有共同语言和共同爱好。所以想抓住属猴的男人的心，你得找到他的喜好才行，他可是很注重是否有共同语言的。所以对他关心的事，即使你不喜欢，也不要去抵触。

他很珍惜和爱人的感情，相亲相爱，白头偕老，但往往希望妻子听从自己的主意。

属鸡的男人不喜欢老成持重的女性，比较偏爱那些青春少女。他喜欢浪漫的爱情气氛，一旦有了心爱的人，就会十分投入，谈起恋爱来连约会都会安排得很满。

在恋爱的时候，记得多赞美和肯定他的成绩才行。他天性里总是渴望得到别人的赞美和欣赏，以此来满足有些虚荣的内心，所以不要吝惜你的话语。他总是喜欢女性欣赏他的样子，那就给他多灌点迷魂汤吧。

属狗的男人爱上对方不会轻易变心，宁可自己吃亏也不愿给人添麻烦。他对待爱情很忠诚，不喜欢有同踩几只船的这种情况出现。他的爱情对象多半也会是个有点耐心的人，是能够多花些时间去沟通的人。属狗的男人和恋爱对象大多是慢慢修成正果的。

属狗的男人工作能力和管理能力一流，请他给你出谋划策，或请他到你公司工作应是不错的选择。同时，他也是位模范老公，生活上，他会把你照顾得无微不至。

属狗的男人家庭概念很强，最好是从他身边的朋友、家人开始逐个击破，以反客为主的方法融入到他的生活之中。把你的形象与影响力渗透到他的父母、同学、朋友中。慢慢地，他就会觉得越来越离不开你，那时你再摆摆姿态也无妨了。

属猪的男人温和的性格使他的爱情观欠缺主动性，却充满幻想，常希望拥有一段不羁、刺激的恋情。对恋爱抱着不肯定的态度，这也许是由于他常常被欺骗和愚弄而采取的自我保护措施。但是属猪的男人一旦确定恋爱对象，便会对他的另一半十分温柔体贴，并且非常信任她。

属猪的男人喜欢温柔体贴型的女子，且最好要能宠他像宠小孩一样，他很喜欢被人照顾的那种感觉。在你们交往的过程中，你必须全身心地投入，因为属猪男人不喜欢三心二意的女人。他非常重视家庭生活，对妻子很忠诚，很少沾花惹草。

对待属猪的男人，得拿出你天性中的母性。属猪的男人在爱情上有时可是很懒的，当一个温柔体贴的女性来关心自己时，就算拿鞭子赶他走，他也不会走的。所以，拿出你温柔的一面，先让他离不开温柔乡，而后再慢慢调教他吧。

生肖
好老公榜

属猪的男人

属猪的男人男并不像很多人想的那样好吃懒做，好色成性。他们大多数人品行端正，心地善良，待人诚恳爽直，而且用情专一，感情纯真，很少有邪念与负人之心，这些优秀的品质很令女生喜欢。对属猪的男人来说永远是第一位，他是无条件服从的。

而他的温柔体贴自然也为他加分不少，所以有了属猪的男人做老公，感情也会日渐升温，彼此越来越亲密，常会令旁人羡慕不已，成为幸福快乐的一对。

属虎的男人

属虎的男人有着天生的王者风范，控制欲强，但是他们愿意保护和照顾自己的另一半，他们觉得让自己心爱的人过得更好是男人的责任。爱情观比较强烈，对爱情的态度如虎般勇猛，知道怎样讨得女生的欢心，也不太计较付出，所以特别受到女生的青睐。只要对方不会很强势，两人会越靠越近，难舍难分，最终结为山寨"大王"式的夫妻。

属狗的男人

可爱的狗狗是很多女孩的最爱，而狗善解人意和忠诚的天性，在属狗的男人身上表现得淋漓尽致。他对所爱的女生，会倾尽全力，悉心呵护，甚至能逐渐容忍女生的弱点和缺点，两人会变得越来越和谐、融洽，而属狗的男人的忠诚更是能让他们最终相依相伴。

属牛的男人

属牛的男人给人踏实肯干的印象的确不错。在爱情上也是如此，他虽然显得不够主动，可能不会用甜言蜜语哄女孩子开心，但是他的专一和真诚是很难得的。一旦选定一个自己认可的女孩，便会勤勤恳恳地去呵护她，关爱她，认认真真地去耕耘这份爱情，并把这份真诚一直延续下去。

属龙的男人

属龙的男人自视甚高，通常他是很骄傲的，当然他也是有着骄傲的资本，但在心爱的女人面前却会显得比较紧张。他很重视感情，愿意为爱人付出一切。他平日虽然高傲，但自尊心强，很怕受伤，也怕伤害对方，更想保护对方，所以对恋人十分怜惜，能够体贴女孩子，因此会赢得女孩子的芳心。这样更加巩固了双方的感情。属龙的男人一旦动情，必定十分深情，哪怕再艰辛也要把这份爱维持下去。

第四章

女人心细，读懂男人心底的秘密

都说"女人心海底针"，其实男人心也是一样难以捉摸的，别看他们平常一副大大咧咧、满不在乎的样子，其实他们的心里也有很多小秘密的。作为女人，要和男人相处一辈子，当然要把他们的小心思搞清楚。那么男人的心里到底在想些什么？

男人的
心理需求

希望被女人宽容

男人从生下来就被社会赋予了更多的期望和责任，因此他们的压力相对来说比女人要大，从小被灌输男人不能哭、要坚强的思想，凡事都被严格要求。其实他们心底也希望能放松一下，希望有人能宠自己。因此当有了爱人之后，他们会不自觉的总是期待来自女人的宽容。得到了这种宽容，固然会让男人沾沾自喜，但他们也会相对老实很多，更容易安身立命，找到自己应有的位置，并且可以享受所谓的成就感。

自我夸耀

男人都喜欢夸夸其谈，尤其是在女人面前。其实稍稍懂得一点心理学的人都应该知道，越是心里没底的人，才越会反复向别人强调自己的优秀，很明显这是缺乏自信的表现。所以聪明的女人都会认真倾听男人的夸耀，并且给予肯定。其实这时候的男人就像一个考了一百分的孩子，急于听到母亲的赞扬。如果不及时夸奖，男人的自信心就难以建立，很可能会崩溃。

沉迷某种爱好

很多男人都会沉迷于一些在女人看来毫无意义的小事。很多女人不理解男人看球赛时的激情四射，不明白他们怎么能夜以继日地对着电脑玩游戏而不觉得厌烦，就像男人不了解为什么平时娇柔的女人逛起街来似乎精力无穷一样。男人往往通过这些爱好来达到心理缓冲。在男人的潜意识中，潜藏着一种儿童心理，他们从这些活动中获得精神上的放松。这对他们缓解工作压力是有帮助的。只是他们的沉迷，有时可能会忽略了妻子。能够允许男人沉迷于一些没有意义的小事是一种宽容。女人允许他们这样做，可能是一种更好的关心和爱护。

和哥们聚会

男人是一种群居动物，他们离开群体久了会觉得非常不安。所以他们会不定期的和哥们、朋友聚在一起喝酒聊天，胡闹一番，以消除他们对孤独的恐惧。男人需要不时地回到少年时光，这是少年时逃避母亲过分的爱和关心心理的再现。女人应该了解男人的群居心理，给他充分的空间让他和他的群体相处，这会让他感到很安全。

与异性交往

男人天生都喜欢欣赏异性。花心的男人固然有，但是大部分的正常男人对其他异性一般也仅仅停留在欣赏的水平。所以女人大可不必将男人身边的女人都视作潜在情敌。适当的和异性交往，对夫妻感情有良好的促进作用。具有好的欣赏力的男人，多半会很好地爱妻子。所以，女人要以宽容的态度对待男人的这种爱好，而这种的宽容恰恰更能凸显出女人的自信与善解人意。

工作倦怠

男人的生存压力确实比女人大很多。所以有些时候对于工作他可能会产生倦怠感，大多数男人都会有周期性的情绪波动和行为上的调整。这时候女人最好保持沉默。这对于心情烦乱的他来说是一种恩赐。因为男人一般都会做贼心虚，他当然清楚女人对他的适度宽容，也更清楚自己的责任。所以宽容往往是他最好的动力，不领情的男人自然有，但那是少数。他只是累了，休息够了、调整好了，他会依然勇往直前地为将来而努力。

男人喜欢听什么甜言蜜语

有人说男人恋爱靠眼睛，女人恋爱靠耳朵，其实别以为只有女人喜欢听甜言蜜语，男人也免疫不了甜言蜜语的攻击，只不过和女人喜欢听的甜言蜜语略有差别而已。

想你了

"想你了"，一句简单而效果非凡的情话，既不显得刻意做作，又有一种轻柔、漫入人心的力量。男人在语言上的弱势，使他们往往对简洁的话更能产生共鸣。这句话相当简洁，却能留给人无限遐想的空间，就算一条短信里只有这三个字。也足够让听到的男人无法平静入睡。

男人喜欢理由：简洁，有遐想空间

我喜欢你的鼻子（头发、眼睛、声音……）

男人对外貌的在意度绝不亚于女人，这是对他的肯定。也许他会摆出若无其事的样子，也许会孩子气的调皮地回应一下，但是无论哪种，他心里都会暗自得意。男人其实也是虚荣的动物，喜欢被称赞，尤其是被女人称赞，而言语中潜藏着若隐若现地挑逗，总会令他们不自觉地心猿意马。

男人喜欢理由：满足虚荣心，有挑逗意味

你赶快回来吧，我晚上一个人睡不着

这句话适用于夫妻或同居男女，没有男人不喜欢女人撒娇，再配上嗲嗲的声音，保证效果显著。这句话有着双重意义，一方面让男人觉得自己是被需要的，女人一刻都离不开他，他的大男人的虚荣心会迅速膨胀起来。同时还有着暧昧的性暗示作用，很容易让在外的男人产生绮思，有恨不得立刻飞奔回家的冲动。

男人喜欢理由：有被依赖的成就感，满足虚荣心，性暗示

你好厉害啊（你怎么什么都知道？还有什么是你不会的啊！）

男人和雄孔雀是一样的，喜欢在女人面前展示自己。他们都希望自己在异性眼中是万事通、全能选手。尽管他很清楚自己几斤几两，可是往往这样的话也会让男人激动，并且更乐于表现自己。赞美是一种动力和承认，没有男人不喜欢。

男人喜欢理由：肯定、鼓励、有被欣赏崇拜的感觉

你可真像个孩子

男人潜意识里都会有孩子气的一面。妻子在生活里既需要扮演妻子还需要扮演母亲。只是当你又笑又恼地看着他说出这句话的时候，他会确定自己是被你宠爱着的。不管有多少缺点，做错了什么事，你都已经包容、谅解了他，只当他是一个少不更事的孩子。他以后会更愿意向你撒娇耍赖。他也会完完全全地信任并依赖你。

男人喜欢理由：觉得被纵容，有归属感，满足孩子气的心理

你太搞笑了（幽默、可爱）

有幽默感的男人是很讨女人喜欢的。男人们也明白这点，但是不是人人

都懂幽默，有很多男人在为自己没有幽默感而苦恼。称赞他有幽默感，等于承认他有内涵、有女人缘，也对男人是一种积极的心理暗示，他很乐意在你面前继续保持幽默的形象，肯定会想方设法地保住名号。

男人喜欢理由：赞美与肯定

你真坏（傻、笨……）

"男人不坏，女人不爱"这句话早已经被说烂了。恋爱中的女人喜欢用一些看似贬义的词来称呼自己情人的现象也是司空见惯的。所以当男人听到一声"你真坏"，再配上一个娇嗔的表情，估计他的骨头都酥掉了一半。

男人喜欢理由：撒娇的意味浓厚，略有挑逗意味

男人谎言大比拼
——撒谎也要细分哦

　　女人都说男人是谎言动物，其实很多男人本来不会说谎，却因为种种原因被逼得不得不说谎。这些男人往往本质不坏，即使说谎不少也是善意的谎言。当然，也有一部分男人是撒谎成瘾、不怀好意的，所以我们要练就出敏锐的耳朵，辨别出哪些谎言是善意的、哪些谎言是恶劣的，我们才好决定下一步的战略。

善意谎言

"你比我前女友漂亮多了。" "其实你不胖，真的。"

　　有时可能是不愿意伤害你的自尊心，也有可能他知道自己的实话也许会带来你的不高兴、一顿争吵或者造成没有晚饭吃的后果，才会说一些类似这样的话。男人是非常怕麻烦的动物，为了使自己活得轻松，只好用谎言来解决。

　　撒谎原因：避免不良后果

　　应对方法：不必较真，当成实话笑纳或是有自知之明，少问一些让他不得不撒谎的问题。

"我能修好。" "这个东西坏掉了，不能修了。"

　　从煤气、马桶到修理电视机、电脑，总有男人觉得自己都能搞定。修理的能力是男人的另一标志，作为一个男人如果不能修好，而让女人去处理，他会觉得自己不像个男人，以后再也抬不起头。为此他一定撒谎说已经完全坏了，根本无法再修了。因为如果他承认失败，会觉得自己以后在老婆面前再也抬不起头。

撒谎原因：维护男人的自信

应对方法：不用嘲笑他不会修理，装作不知道。即使你是电气工程师，修理是小菜一碟，也要偷偷修好，告诉他其实这个东西没有坏掉。

"没事。"

悲伤、沮丧、幻灭的感觉，男人也会有。对女人来说，可以哭，可以向心爱的人诉说，可对男人来说，女人诚心实意的关心只能让男人更加感受到自己的弱点暴露无遗。这就是为什么当女人想为心爱的人分担忧虑时，男人却会立刻缩回自己的壳里去。请一定记住，对男人而言，流血是光荣的，拒绝用创可贴是神圣的。

撒谎原因：想独自一人默默舔拭伤口

应对方法：不要追问原因，默默地陪着他，或是给他留下空间，让他独自去修复。

隐瞒失业、降职等失意的事

工作、事业在人们心目中普遍被认为是衡量一个男人成功与否的标准。如果男人遇到因为过失被公司降职处分、公司裁员意外失业等失意的事时，会觉得自己很失败，更担心在自己女人心目中的地位下降。男人担负着更多的责任，他也不希望让自己的女人担心。所以有些男人这时候就会选择不告诉自己的女友或者妻子。

撒谎原因：维护尊严、不愿意让家人为自己担心

应对方法：装作什么都不知道。千万不要责怪他太可笑、太虚荣，也不要试图帮他找工作或者安慰。什么都不做也是一种体贴。

"我不会骗你的。" "我永远不会爱上别的女人。"

虽然这两句话听起来很假，但是大部分女人都宁愿相信这样的谎言。男人通常需要用这样的承诺来让女人安心。其实他们自己也不相信自己能做到。但是哄好眼前情绪陷入低谷而哭泣的女人是当务之急，他们没办法只能撒谎。能不能做得到，还要看他是什么样的人以及你们婚姻关系的牢固程度。也许要用一生的时间来鉴定这个承诺是否是谎言。

撒谎原因：为了安慰女人

应对方法：听进去，让自己高兴就可以了，不必当真。他是否撒谎让事实来决定。

很多男人说谎是出于无奈，貌似强大的他们，其实有着无比脆弱的心。他们在重重压力之下，有时不得不说无奈的谎言。谎言的背后，是男人不堪承受的重负。也许女人们更该理解他们，不要再加重他们的心理负担，也许这样他们就可以少一些无奈的撒谎了。

需要警惕的谎言

也有些男人撒谎不是为了哄女人高兴，而是以撒谎掩饰自己不可告人的目的，这时候女人们就一定要小心了。

"我这么辛苦的工作还不是为了你和这个家！"

虽然说有责任心的男人是为了自己的家庭奋斗，但是很多男人首先是为了自己，毕竟现在的社会男人事业有成才有说话的分量，才有胡作非为的权利。这才是男人奋斗的绵绵不绝的动力。男人说这话的目的是想逃避家务，为夜不归宿寻借口，让你心甘情愿地做他背后的女人。至于他成功后能否兑现诺言，完全取决于他的良心，良心好的，尚能赐你锦衣玉食，爱情就不要指望了。良心不好的，他可不会留恋你这个保姆，保姆好找，年轻漂亮的女人更好找。

"你以为我喜欢应酬啊，为了事业，没办法呀！"

"应酬"是个体面的幌子，为了工作，为了家庭，不管是不是必须，有些男人都会因此理直气壮。"应酬"在现在是个危险的词汇，难免会沾染上风月之事。也许他开始确实规规矩矩，但是长久下来，难免会有把持不住的时候，之后恐怕一些荒唐事在"应酬"的掩盖下做得滴水不漏。回到家在愤愤不平的女人面前摆出一副厌烦的样子，说他真的很腻味应酬，但人在江湖，身不由己。但他们其实却是乐此不疲，欲罢不能。

"我们只是知己，不可能有别的关系。"

有些男人认为有三两个"红颜知己"，偶尔来点暧昧之类的事是正常的，这样才能证明自己有魅力。面对自己的女人还信誓旦旦地说"我们只是朋友关系，不要太小心眼"。他可能还会在他的哥们里津津乐道这些事，以此作为吹嘘的资本。暧昧是把双刃剑，尺度并不好掌握，自诩为风流的男人，最后往往还是会免不了一个最俗套的结局——和其他女人发生关系。

看清一个人并不容易，让女人看透男人就更难了，毕竟大家彼此的思维方式不同、环境不同。完全看穿男人的谎言是不可能的，还是活出自我吧。管他是不是撒谎，有时候潇洒一点儿反而会有意想不到的效果。

男人的
内心死穴

怕老、怕生病

男人表面看着都是刚强的，但他们脆弱起来比女人更严重。其实男人更加害怕疾病和衰老。拿起以前的照片，发现自己比那时候胖了很多，以往最引以为傲的肌肉渐渐松弛，六块腹肌成了一块，甚至成了难看的啤酒肚，会令他很伤感。对着镜子他会担忧自己的头发是不是越来越稀少。偶尔和朋友出去喝小酒，谈兴正起却发现自己怎么也抵不住瞌睡虫，再也不能像年轻时动辄熬夜两三天。除了怕老，男人也怕生病，生病的男人就像孩子一样脆弱，他们害怕生病时软弱无力，那种完全失去主导权与掌控权的感觉，更令许多大男人无法忍受。

没有一定的财富

随着现在社会的发展，经济水平也越来越高，金钱成了人们生活中非常重要的东西。金钱几乎成了男人价值的全部体现，没有钱的男人会被人轻视、看不起，而男人有了钱，立刻觉得自己有了十足的自信，于是许多男人一辈子追求的是事业上的成就，而所谓成就正是以金钱作为衡量的标准。而社会价值的扭曲让钱的作用开始无限扩大，用钱可以买来所需要的任何东西，甚至连女人也一样。不少女人在择偶时对物质的重视也进一步推动着男人对金钱的追求。社会生存的压力也逼迫男人不得不努力为了财富而奋斗。

妻子外遇

想想看，就连以往武侠片中叱咤风云的大侠都难逃戴绿帽的下场，可见对一般男人来说，女友、老婆会不会跟人跑同样也令他们害怕。戴绿帽对男人而言，不仅丢足了脸，更会让周遭的朋友觉得自己很差劲，一点魅力都没有，否则为什么自己的女人会跟人跑？戴绿帽可让男人气急攻心，翻开报纸社会版，因为女友或老婆移情别恋而产生报复心理的情杀事件层出不穷，可见戴绿帽的杀伤力有多严重。

自己出轨被发现

很多男人抵挡不住外遇的诱惑，外遇的新鲜和刺激就像《白雪公主》里的毒苹果，对男人有着致命的吸引力，除了自己的老婆之外，又另外拥有一个女人、一份感情，让男人对外遇如飞蛾扑火般勇往直前。外遇的滋味虽然刺激、甜美，不过一旦外遇曝光被老婆知道，也足够让男人吃不了兜着走，尤其女人知道自己的老公有外遇后，由爱生恨，不知道会做出什么事来，也会让男人心中有颗不定时炸弹的不安感。大多数男人外遇曝光后，面对老婆的责难是相当胆小懦弱的，他们喜欢享受外遇的快感，却不愿承担外遇曝光后所必须付出的代价。

失去群体

男人是群居动物，他们失去自己的群体就会紧张、彷徨。他们很害怕跟别的男人聚在一起时无话可聊。女人的话题永远是老公和衣服，但男人的话题却不能单单围着老婆孩子转，最起码这也满足不了他们雄性的虚荣心！男人聚在一起会聊国家大事，会侃世界和平，虽然这些问题和他们八竿子都打不着，但这却表明了一种实力，一种作为男人的渊博。所以，当你的老公想要看新闻联播或是焦点访谈的时候，千万不要把遥控器死死地攥在手里，紧盯着韩剧不放。其实，没准儿他也并不是真的喜欢看新闻，但作为男人这却是他必修的课程。

职场失意

俗话说女怕嫁错郎，男怕入错行。职场是男人一生最重视的领域，也是男人发挥所长之处。社会的飞速发展，竞争的日益激烈，很多男人担心自己跟不上时代会被淘汰。工作没有成就感，一天到晚被老板刁难，辛苦半天却一点成果都没有，甚至被全盘推翻，这种职场上白忙一场的情况最令男人害怕，每天辛辛苦苦、流血流汗为公司打拼，结果努力全都白费，实在令男人无法承受。

被人忽视他的男性强势地位

男人体内的睾丸素，从生理上就决定了他们比女人有更多的竞争和刺激情结，他们极需要渠道来宣泄。这就是为什么男人都喜欢电子游戏、都喜欢对抗类运动的原因。男人需要不断地被肯定，需要知道自己跟别人比起来是更强大的。他只有在对抗中才能更加有活力。如果不想他的意志消沉下去，就要鼓励他、肯定他，作为他的妻子，你自然也会受益匪浅。

男人的一些小秘密

如果一个男人对你有好感，那他的第一反应是得到你的电话号码，而不是给你他的电话号码。但其实，男人要了你的电话号码也不代表他真的喜欢你，因为有超过四分之三的男人表示他们可能根本不会打。

如果一个男人和你进行第一次约会，你感觉他总是沉默，常常没有话题，让你觉得很沉闷，不要轻易地认为他是个无聊的人或者他对你根本就没兴趣，也有可能是他面对有感觉的女人有些紧张，本来男人的语言能力就比女人差，一紧张就更加不知道说什么，还是需要看他的神情以及他是否主动约你，还有以后约会的表现。

三分之一的男人都不会主动将自己前女友的号码从手机里删掉。超过五分之一的男人还会在分手的最初几个星期里坚持拨打她们的号码。

在"你最愿意在哪里认识女孩"的调查中，男人的首选是"工作或学习场合"，然后是夜店或酒吧，接着是熟人介绍，最后才是相亲。

关于"相对而言，你更喜欢脸蛋漂亮还是身材火辣的女人"的调查显示，大部分的中国男人都将票投给了前者。令人惊讶的是，美国男人也一样！

72小时定律：如果第一次约会成功，有97%的男人表示会在72小时内再次打电话给对方。

信不信由你，男人的潜意识里更喜欢对他们说"不"的女人，因为总是唯唯诺诺的女人让他们感到"没主见"，因而也更容易被别的男人骗走。

测试表明，在一个女人为一个男人整理领带、掸衣服灰尘、调正帽子的瞬间，男人会最大限度地感受到自己的"男子气概"，因此也更容易对她产生好感。

统计证明，单身男人比恋爱中的男人更容易受外界尤其是朋友的影响下做出选择。而在选择女友的问题上，超过一半的男人会参考朋友的意见。

在"什么时候你会有和她安定下来的念头？"的调查中，21%的男人觉得只要开始恋爱就会渴望从一而终，35%的男人认为至少观察一个月才能下这个结论，18%的男人会等上数月才给出承诺，而10%的男人觉得只要发生了关系，就会负责到底。

男人怎样看待这些让他们无比头疼的事

陪女人逛街

逛街对于女人的吸引力大约等同于游戏对于男人的吸引力。其实男人对于逛街购物本身是不反感的，他也需要买点东西。现在，人们对于生活品质的讲究，让男人对自己的穿着也非常在意。所以如果让他们去为自己买件衬衫，添置双鞋子，他们也会非常乐意的。但是重点是要陪女人，这个就把大多数男人给难住了。

因为男人和女人的购物习惯完全不同。男人的习惯是直奔主题，他们不会在一件没想过要买的东西上停留哪怕一秒种的时间。男人的想法是：既然不买，为什么要看？女人觉得逛街并非只是要买东西，既可以打发时间又可以缓解压力、散散心，还能知道哪里在打折，可以成为女人之间的谈资；或者是新商场，没进去逛过，再或者不知道干什么好只能去逛街。最后，总觉得自己好像有什么需要添置。光是这一串理由就够男人崩溃了。

所以当女人逛得身心舒畅、兴致高昂的时候，身后的男人却已经完全陷入了焦躁状态，因为他不知道她什么时候能逛好，也没有弄明白她到底要买什么，或者是为自己的钱包默哀，或是觉得自己已经疲倦乏力到极点了却不知道她什么时候才能逛完。或许他们心里已经千百遍的想过要逃走、要休息或者发脾气等。当然结果还是看每个男人的忍耐力和成熟度。

耐心点的男人或是比较成熟的男人都会坚持下去。他们烦躁是因为这种行为实在不能理解，他们不喜欢这样浪费时间，虽然这对女人来说并不是浪费时间。其实男人对这个女人本身或是逛街本身并没有意见。毕竟正常男人都喜欢带着自己光鲜靓丽的女友向人炫耀，这也是男人的魅力和实力的体现。

只要女人们了解了这一点，就应该学会智慧地和男人相处，不要因为他的焦躁和不耐烦而生气，因为他并非对你有意见，多关注下他的感受，别把他逛得太累或者掏光了他的钱包；出门前也问问他想买点什么；学会策略性的购物，尽量把你需要的排在中间买，他需要的排在开始和最后买。这样陪女人逛街这件让男人无比头疼的事，也许就能让男人变得不再痛苦，甚至能变成一种快乐。

做家务

即使社会发展了，女人的地位提高了，很多女人都有了自己的工作、自己的事业，对家务的态度虽然有了一定的改变，但是因为历史原因男人似乎依然认为女人应该承担大部分家务。

在男人看来，家务无非就是洗衣服、做饭、打扫卫生。虽然他们不愿意干，但是也会觉得干这些事情根本就没有什么，不明白女人为什么整天抱怨干家务多么辛苦。而事实上他们根本想象不出来家务有多么繁杂和乏味。偶尔让他们换个灯泡、修个马桶还行，他们至少还能有点成就感。如果一个事业有成的男人要是知道怎么炖排骨就会被无数人赞叹，而一个女强人要是不会做红烧鱼，大部分人必定都会认为她不是个称职的太太。谁也不喜欢做家务，但是很多女人是没有办法，家务总要有人做，如果夫妻二人都不做，被嘲笑的一定是妻子。其实女人也并非十分反感做家务，只要男人能够在什么都不做的时候，了解女人做家务的辛苦就知足了。

男人在不履行做家务的职责时，并没能真正意识到女性同胞在这方面做出的牺牲，这才是男女之间的真正矛盾。现在社会不管男人还是女人都需要辛苦工作、赚钱养家，而下班后谁都需要一顿丰盛的晚餐和舒服的热水澡，然后钻进温暖的被窝拥抱所爱的人。当现实摆在眼前，总有一个人要做的时候，男人会很顺理成章地找出种种理由逃避或拒绝。现今这个社会中，会做家务的男人越来越多，不会做家务的女人也越来越多，最直接的原因是女性在家中的经济地位在提高，次要原因是"供求关系"，男女比例为118∶100。当男人不得不做的时候，他们的心里是复杂的，女人应该给予足够的指导和鼓励，大可把他们当成小孩子，连哄带骗也可以。

婆媳关系

有人说婆媳是天敌。两个女人抢夺一个男人的战斗，战况之复杂、惨烈实在难以想象，而往往在这场战争中最大的受害者，就是中间这个男人，这就是人们常说的夹板气。当两个女人同时需要一个男人的时候，你希望他如何抉择？所谓理性与感性的矛盾，再加上道德的约束，爱情的枷锁，舆论的散播，捎不留神他就会"万劫不复"（当然这是夸张的说法）。令男人头痛的关键在于他面对的是两个非常重要的人，一定要他偏袒哪方都是艰难的选择，因为他无法衡量。男人根本就不愿面对这种选择。想要婆媳之间相安无事、亲如一家是非常难的。男人只希望至少脸面上过得去就行，日常不闹别扭，没有口角，重要场合相敬如宾，最重要的是一致对外，决不内乱。

如果一旦婆媳间闹矛盾，这是男人最不希望面对的局面，很多男人调解无效就开始焦躁不安，要么自己选择逃避战争，要么夹在两个女人之间成了可怜的炮灰。其实解铃还需系铃人，虽然这是女人的战争，但是这个男人的作用也不可忽视，所以才有了"双面胶"的说法。男人如果能做好双面胶，当好婆媳二人的黏合剂，那么其实最大的受益人是他自己。毕竟这两个女人都是最爱他的，所以婆媳关系好不好，往往男人聪明不聪明是关键。不过也希望女人明白，男人在婆媳关系中其实是很无奈的，不管他是"无为"或是"偏袒"，都是很被动的，这并不能单纯地理解为他不爱你。

面子

面子这个东西可以说是中国特色，尤其是中国男人的特色。男人爱面子似乎已经是大家的共识了。显然以前男人的面子更重要，也更真实，因为过去中国男人是妻子的天。而到了现在，面子成了男人最后的一点阵地，他们宁愿"死要面子活受罪"，也不愿意真实地面对现实。有太多男人在外面穷撑面子，宁愿回家跪搓板、睡地板，也要在外面对妻子耍威风。这种根深蒂固的大男子主义在我们这一代人的身上表现得虽不如上一代那么明显，但对我们来说还有一定的痕迹。

最可恨的是有些男人为了自己的面子，当众跟妻子翻脸，他们为了自己的面子而牺牲女人的面子，并且还认为是理所当然的。想想实在可恨，难道只有男人要面子，女人就不需要面子吗？"又不是那个女人需要仰仗男人的时代了，你凭什么这样对待我？"估计很多妻子都会有这样的想法。

其实男人爱面子无可厚非，不过怎么个维护法就有待商榷了。想必大家都看过，男人在男人的圈子里必然要受到环境的影响，有时候这也不是他们的本性。他们不愿意被自己的哥们、朋友看扁，不想被嘲笑，只能做出打肿脸充胖子的事。想想男人也挺可怜的，而对女人来说，丢他的面子就是丢自己的面子，哪个女人都不愿意自己老公被人嘲笑。要做到皆大欢喜需要两个人的默契，而做好这一点是需要多沟通、多包容才行的。

应酬

"应酬"这两个字眼，是很多女人心中的痛。只要男人一去应酬，自己就提心吊胆，夜不能寐，唯恐男人借机会寻花问柳，但是男人在工作中往往又很难避免。而如果自己的老公完全没有应酬，女人又该觉得这个男人恐怕是没什么发展前途，不懂交际应酬，怎么能够有更好地发展。反正女人的心就在这样的矛盾中煎熬着。

当然应酬也分很多种，或是陪同公司主管或老板去应酬，主要任务是替领导挡酒，把对方喝趴下，让对方在神智不清时把合同签了；或是自己当主管，为了完成某种商业目标，亲自出马，与客户把酒言欢，攀交情拉关系，总之是为了工作应应酬。

大部分男人应该还是为了工作，借机花心的自然是有，可是还是少数。常在河边走，哪有不湿鞋，毕竟现在机会太多，诱惑太多，全靠男人自觉很难。因为男人再有自制力，可以自制一次两次，不能保证每次都能把持住自己。所以女同胞还是要尽量注意。男人的应酬能不去当然最好，去了最好能够监督。不过监督的方法很重要，每一个小时电话报备是没有什么意义的，如果他想和你打游击，怎么都可以躲得过去，主要还是以预防为主，巩固感情，有机会就向他严正声明自己对于这些事情的立场，反正就是常常给他敲警钟，但是只要他一出去，一定给他信任、给他自由。当然这也是没有办法的事情，毕竟男人如果想犯错误，看是看不住的。

男人不同年龄 对女人的要求

10岁男孩对女孩的要求

一，不哭闹；二，听话；三，最好能离他远远的。

20岁男人对女人的要求

一、美丽；二、性感；三、有份具有品味的职业；四、极有耐性，善解人意；五、该聪明的时候聪明；六、做小鸟依人状时尽量显得自然；七、怎样穿都好看；八、懂得适当地撒娇；九、虽做惊喜反应，但看起来自然；十、发生了关系就是个无条件的荡妇。

30岁男人对女人的要求

一、入得厨房，进得厅堂；二、不必服侍皇太后；三、不介意浪漫蜡烛配盒饭；四、多听少说；五、不再傻笑；六、懂得独立；七、不批评男人的衣着品味；八、有能力对自己的烹饪进行检讨；九、明白生日和周年纪念只是青春形式。

40岁男人对女人的要求

一、既然不能让男人有拥抱少女的幻想，也别让男人面对太残酷的现实（胖无所谓）；二、思想与行动都能保持利落；三、不拿男人的收入跟自己闺蜜的老公比较；四、不利用孩子来指桑骂槐；五、明白赔笑是项义务；六、承认真相，不再扮弱质女流；七、着装时尚但不夸张，不至于穿一件整条街的人都会被吓晕的衣服；八、不偷工减料，不私自攒菜钱；九、不假扮洁癖来证明自己干净；十、明白男人的性欲至少要由视觉引起。

50岁男人对女人要求

一、随叫随到；二、公众场所不做家庭批判；三、虾米或龙虾，皆不能动；四、男人说话时不会睡着；五、不能总提男人当年的过失；六、不再利用脸色来当话；七、不以消极态度争取要求，不说反话；八、煮一些至少边看电视边能吃的饭；九、必要时能够忘记男人初恋女友的名字；十、在无聊的周末，能够出点子赶走无聊。

60岁男人对女人要求

一、别总提醒人厕所在哪里；二、不乱花钱；三、不在儿女面前丢丈夫的脸；四、不再问你去哪里你几时回来；五、不逞强，不死撑面子；六、明白穿着隆重也救不了什么；七、不再逼人吃她做的饭；八、尽量减少反问，尽量减少以怨叹做开场白；九、活了一把年纪，至少开始明白一点男性的心理。

70岁男人对女人的要求

只要活着就好。

第五章

男人向左，女人向右

美国的一位心理学博士约翰·格雷曾经写过一本非常有名的畅销书《男人来自火星，女人来自金星》，关于男人和女人的差异可以从书名这个生动的比喻看出来。很多时候，男人和女人虽然彼此都深爱对方，但是却总是因为一些琐事矛盾不断，其实很多时候没有所谓的谁对谁错，不过就是男人和女人的差异而已。要了解男人，认识男人，必须要清楚这个道理，然后再去走近男人了解他、了解他的种种细节，你才会恍然大悟，原来男人是这样想的，和女人有着那么大的不同。

男人和女人
是两种生物

都说男人和女人是两种不同的生物，那到底都有什么区别，差距到底在哪里?

生理结构不同，特性不同

男人和女人除了生殖系统的差别外，还有很多的区别。女人的新陈代谢比男人慢，骨架也比男人小，内脏像胃、肾、肝、盲肠比男人大。女人的血液里含较多的水，较少（20%）的红血球。这些影响氧气进入细胞的供应，使女人比较容易疲倦，也更容易昏倒。

女人体内的脂肪比例大，而男人的肌肉比例大，力气也比女人大50%，这好像是为了男人可以养家糊口、保护家人而造的。而女人的耐力更强，脂肪蕴藏的能量让她们能维持更长时间的生命。女性的平均寿命长于男性。

思维方式不同

男人更理性，女人感性而善于利用直觉。女人倾向于右脑的使用，而右脑是掌管感觉、沟通，激发创造力与直觉的。男人则往往倾向用左脑，而左脑是重资料超过感觉，逻辑超过直觉。女人思考时同时使用左右脑，而在男人他的大脑里，一次只能用一个区域，因而男人常被称为是单线条脑筋。女人可以很轻松地同时打电话、做饭，眼睛还盯着孩子的功课。但男人一次只能做一件事，一次只能沟通一个人，扮演一种身份。女性的语言技巧与直觉比男人强，这就是所谓的"女性直觉"。而男人一次只能用大脑的一个区域,使他的抽象思考与空间想象力比较强。

社交状况不同

男人表面独立,内心却害怕孤独;女人表面喜欢亲密,实则内心却可以脱离人群。女孩小时候都喜欢洋娃娃、过家家之类的游戏,游戏的重点都在于如何建立亲密关系。而男孩子此时可能正在外面玩球、比赛、打仗等游戏,重点则在于参与群体活动并如何增长自我的竞争力。长大后,这些游戏将影响男人和女人的交往方式与特点。所以男人的竞争性更强,女人则更善于寻求如何与人合作。女人喜欢和女友煲电话粥、逛街购物等;而男人通常借打球、运动类的活动来和人相处等。男人和女人婚前婚后的变化完全相反,女人在婚前喜欢呼朋引伴,和几个亲密女友去逛街游玩;男人在婚前尤其是恋爱期间会只关注女友,常常被认为重色轻友。婚后两人的关系稳定了,他就开始恢复和哥们、朋友的交往了,男人只有家庭没有朋友会觉得自己非常孤独,脱离社会。而女人婚后则会放弃自己之前的很多社会关系而专注于家庭和丈夫。即使她完全没有朋友也不会觉得有什么不妥,更不会惶恐不安。

对婚姻的期望

女人期望婚后也能保持婚前约会时那种亲密与浪漫,两人常常在一起做事、谈心、培养关系,两人像最好的朋友。有些男人则觉得结婚了,一切都踏实了,他不用再用恋爱时的那些心思去取悦女人,觉得婚姻生活应该是简单而现实的。女人太过浪漫,总是追求一些不必要的东西。在婚姻中,男人希望现实的生活,女人希望浪漫的爱情,这就成了总也解不开的矛盾。

男人和女人
不同的心理

吵架之后

男人：他希望争吵结束后就此"停战"，一切恢复正常。

女人：虽然彼此间正面的争执已结束，但仍旧情不自禁地想东想西，火气越来越大，因为对方完全一副没事人的模样。

深层解析：他并非对你们的矛盾无动于衷。男人的观念是：反正该吵的都吵完了，我们不如"重修旧好"吧！只不过，他不可能把这些话讲出来。男人的怒气来得快去得也快，所以吵完架之后恢复正常的速度比女人迅速。

应对方法：沟通比人们想象得更重要。你可以告诉他，虽然争吵已结束，可是你的心情依然不好，让他清楚你还在生气。最好能指出他怎样做才能让你心里舒服一些。很多女人都在吵架的时候不愿意主动和对方说话，觉得这样就是自己示弱了。实际上很可能你不说，他不知道应该怎样才能取悦你。有时候男人比你想象的更迟钝。如果他在乎你，他会按照你想要的方法来安慰你，当然你不是无理取闹或者提出无法做到的无理要求。如果你说了他依然不去做，也许就需要好好考虑一下你们的感情了。

约会的时候

男人：他期望中的约会，是一段能够品尝美食佳酿和女友打情骂俏的悠闲时光。

女人：你的理想约会是两人甜蜜浪漫的互动，再加上对你俩的亲密关系有建设性的对话。

深层解析：女人总渴望了解男人的内心深处。所以她希望约会时聊天的内容能够有一些深层次的东西。他不大可能总在约会的时候跟你谈他的童年和家庭、你俩的未来、他的抱负等。而男人对约会的场景之类并不敏感，也不会因为花前月下的氛围而说出他久藏心底的秘密。

应对方法：你希望听到些什么，最好能够将你们聊天时的主题向这个方向引导。如果他喜欢这个话题，一切恰好都合适，你也许就能听到你期望听到的内容。

出去聚会

男人：让男人没面子的事莫过于与朋友出去玩，老婆总打电话问几点回家，觉得很烦，所以老婆出去就不打电话催问，表明对老婆很信任。

女人：出去玩，所有女友的老公都打电话了，自己的电话却迟迟不响，觉得很没面子，好像自己是个没人关心的女人，丈夫根本就不在乎自己。

深层解析：男人讨厌被女人追踪，女人喜欢被男人追踪；男人认为女人狂问他几点回家是一种烦恼，女人认为男人狂问她几点回家是一种荣耀。

应对方法：沟通、了解，他不喜欢被查岗，他需要被信任，你就给他充分的信任，毕竟如果想犯错误，查岗也没有意义。明确的告诉他，自己喜欢被人关注的感觉，尽管打电话就是了，不要担心自己会觉得烦。

关于朋友

男人：老婆有一些情同姐妹的闺中密友，如果对她们不理睬，老婆会说自己怠慢她的朋友，对她们热情，老婆却更加不高兴，直骂他是花心大萝卜。

女人：自己的男人怎么可以对闺蜜如此热情？他该不会是对她有意思吧？男人怎么可以这么花心？

深层解析：男人希望老婆对自己的朋友友好，这是给自己长面子，所以他以此类推，觉得应该对老婆的闺蜜也一样友好。如果没有特别的情况，女人大可不必为此大动肝火，认为男人是好色之徒。

应对方法：相信自己的丈夫和好友，一般来说，丈夫都不会有什么过多的绮思邪念。他清楚那是你的朋友。只是要把握和闺蜜相处的尺度，不必让她和自己的老公有过多的单独相处的机会。

揭秘一直被女人误解的男人心理

误解1

当女人还是女孩的时候，从妈妈那里得到的教诲就是，长大后一旦她和某个男人之间的关系逐渐确定之后，尤其是发生了肢体上的接触，男人会变得大大咧咧，原形毕露，对女孩也不再体贴、爱护。

解析

不能说完全不是这样。当两人之间的关系逐渐亲近后，男人的种种激情确实会逐渐减弱，而慢慢走入平稳期后，不会像热恋期那样总是大献殷勤，而是用更真实和认真的态度看待彼此的关系。但是男人也并不是从此就开始作威作福，大部分男人依然会很在乎自己女友的感受。不论他怎么想，范围都脱离不了另一半：她和我在一起快乐吗？她到底喜不喜欢我呢？我和她在一起身上会不会有什么怪味惹得她反感？她今天看起来不太高兴，是不是我做错了什么？

误解2

大部分女人都会觉得，男人是受下半身支配的，较重色欲轻爱情。

解析

和一般女人的认知不太一样，男孩子或者男人并不是都完全受到体内荷尔蒙的左右。虽然不是所有的男人都是谦谦君子，但对其他女人没有色情的想法。他们大部分都认为，宁可有一个属于自己的女朋友，相互关怀，彼此真心相待，不愿意和不三不四、行为随便的女孩子鬼混。实际上有相当一部分男人宁可完全没有性行为，也不愿意跟一个自己不喜欢的女孩子交往。

误解3

他们对于选择女友，只在乎外表是不是漂亮。

解析

大部分的男人对自己欣赏的女人，心里都会有个轮廓，他们都会更向往和这样的女人约会，因为他觉得这样的女人真是美丽极了。而他们各自喜欢的女人各有特点，有人喜欢高个子的，有人喜欢皮肤好的，有人喜欢温柔的，也有人喜欢有内涵的女人，没有人会对相同的外表或事物着迷。就许多男孩子而言，女孩子长得不一定非要美若天仙。

误解4

男人只图自己的感官愉悦，不考虑女人是否有怀孕的风险，他们认为避孕是女人的责任。

解析

大部分男人不像想象中那么恶劣，他们清楚亲密行为会带来什么后果，他们也都会考虑采取安全措施的问题。他们都明白，没有爱与经济基础的约会，不值得冒受孕的危险。当然没有责任感的男人依然存在，但是他们还是一小部分。

误解5

分手后男人很容易就找到新情人，他们也更为绝情，因为他们天性见异思迁。

解析

其实男人在感情受伤之后的恢复要比女人慢得多。而且男人很难像女人一样能够完全投入新的感情。他们对感情的执着时间比女人更长。他在分手后会爱上新女友，但是他可能对前女友并不像人们想象的那样完全置之脑后。反而是当女人开始一段新恋情之后，会完全投入，把前一段恋情彻底遗忘。所以有着"男人长情，女人专情""男人长而不专，女人专而不久"的说法。

我们关于男人和
女人认识的误区

男人和女人一样都是爱嫉妒的动物

女人常常被认为比男人更喜欢嫉妒。妻子偷偷翻找丈夫的口袋、检查手机等。已经成了女人嫉妒的标志性行为。

根据国外一家杂志的一次调查，78%的人都很爱嫉妒，而且并不像人们所想象的那样，男人比女人嫉妒的比例更高。有40%的男人常在嫉妒中煎熬，而女人的比例只有32%。而许多科学家也证实过，嫉妒这种情感和性别并没有关系，男人和女人都会被嫉妒所困扰。因为爱情是有着非常强烈的排他性，只要是牵扯到爱情的问题，就会让人产生排他的情绪。如果感觉到关系中一旦有其他的人介入，不管是男人还是女人都会立刻做出反应，出现嫉妒的情绪。

男人和女人一样善解人意

大多数人都认为女人天生比男人感情更细腻，更加善解人意。而粗线条的男人则没有这方面的天赋，也缺乏锻炼的机会。

即便通过练习，女人比男人更善解人意，她们也不是胜出太多。如果男人和女人共同处于一个需要体会他人感情的情境中——之前不要用类似"测试一下你了解他人感情的能力"这类句子说穿——男女之间也就没什么差别。也没有任何肢体语言表明女人比男人更能体会他人的感情。说得更明白一点就是，是女人以为自己比男人更善解人意。

男人比女人更相信一见钟情

很多人都认为一见钟情是女人的专利，尤其是年轻的女孩们，由于抱着对爱情的憧憬而更容易相信一见钟情。其实男人才是一见钟情的忠实信徒。

因为男人是视觉动物，他们更容易被外在的东西打动。女人的外貌对男人来说有着非常直接的作用。男人去参加聚会，看到一个女人，一句话都没和她说就可能会爱上她。相反女人就很少出现这种只凭眼睛就确定自己爱情的情况，她们往往需要更多的信息才能够确定。

女人和男人，谁更喜欢撒谎

男人撒谎比女人要频繁，男人在心理上更容易受到挫折，为了让自己的心理能够达到好的状态而撒谎。男人和女人不一样，因此他们撒谎也出于不同的原因。女人想通过谎言使自己的生活变得更轻松，男人则想通过谎言获得自己的生活。人们之所以会有"女人比男人更喜欢撒谎"的错觉，是因为女人在撒谎时考虑得更周全，她们动用更多的想象力，她们显然也懂得在什么时候对什么人撒什么谎，因此她们的谎言比男人的更难拆穿。虽然男人有更多的撒谎经历，但他们撒得却很差劲，主要原因是男人的想象力没有女人丰富，也不大能记住自己的谎言，这两个前提条件显然是"撒谎"成功的最重要的因素。

男人与女人的 3个重要区别

对"坏"的态度

受传统观念的影响，人似乎什么都要分出好坏，就连人本身也被分了好坏。有好男人，自然就有坏男人，有好女人，自然就有坏女人，且不论这个好与坏是谁给硬性划分出来的，主要看看男人和女人对待这个好与坏的态度。

女人对于坏男人总是又爱又恨，爱他的风流潇洒，爱他的甜言蜜语，爱他的一切因为坏产生的魅力。而女人总有收服坏男人的欲望，总觉得自己能拴住坏男人的心，就是打败了坏男人的所有前女友。女人也会因此而极有成就感。而女人对于好男人却是知道他的好，却总是对他没有感觉，难以爱上他，最常用的一句对白就是："你是个好人，我配不上你！"宁愿被坏男人伤得遍体鳞伤，女人也不愿意回头看看身边的好男人。

而男人对好女人的态度则正好相反。男人其实骨子里也是喜欢坏女人的，迷恋于坏女人的风情，迷恋于她的来去自如，但是却不愿意或不敢去招惹她，更不会把她娶回家，因为他们害怕失去控制，坏女人恰恰就是他们无法掌控的。所以男人的妻子最多见的就是一个普通、算不上出色的好女人。男人会给好女人一个家、一份责任，然而心底却常常惦记着坏女人的魅惑，所以很多男人如果成功了，信心增强、掌控力也增强的时候，就不再怕去亲近坏女人了。

对另一半的要求

不知道是受童话故事的影响还是言情小说、偶像剧的荼毒，几乎大部分女人都有着或多或少的公主情结，也就是说只愿意嫁给一位骑着白马的王子。如果这个王子骑着一匹黑马，恐怕都是不能通过的。相比之下，男人的择偶标准却有点太没出息了，也许他们恋爱的时候还会喜欢美女，到了结婚的时候，却往往非常保守地选择了一位不美不丑、不富不穷、不好不坏的女人做妻子，让他以前的恋人大跌眼镜，奇怪自己哪里比不上她。

女人是完美主义的拥护者，都希望自己的爱人英俊多金、温柔体贴、浪漫专一，恨不得自己的爱人集天下所有男人的优点于一身，即使这些优点往往都是相互矛盾的。所以女人总是一直在寻找，一直在伤心，总是觉得遇不到让自己心动的男人。最后到了该结婚的年龄，有些人就将就着把自己嫁了。

而男人是现实主义的信徒，虽然有部分男人为了追求心目中的女神多少年如一日的守候着，也有攀龙附凤、只盯着富家千金的，然而这类人毕竟只是其中一部分。男人的主流部分是把事业当前线，拿婚姻当后方，当然后方稳定是最重要的。所以他们在寻找婚姻时，往往是一个稳健派，对女人几乎没有太多要求，套句笑话里说的，娶老婆没什么要求，第一是女的，第二是活的。这样虽然是很稳当，为眼下省了事，却给日后留下了很多隐患。事业普通也就罢了，安心、踏实地守着老婆孩子过日子；事业稍稍有点成绩的男人，就会开始在心里蠢蠢欲动了，总觉得自己娶老婆太早，亏了，看着眼前莺莺燕燕的，很少有不变心的，结果弄得家里鸡犬不宁。

现在看来，虽然男人和女人的择偶标准相差很多，可是似乎都对，也都有弊端，一个是追求一步到位，往往千载难逢；一个是将就凑合，不注意可持续发展，结果将来后悔。男人和女人差距很大，也许需要相互沟通、互相学习，才能改善自己的不足，促使大家共同进步。

爱情中的心态

男人不习惯女人那种欲言又止、欲进又退的恋爱花招。男人爱就爱，恨就恨，直来直去，嘴上不明说，行为却很直接。遇到顺眼的女人，他们会很快表示自己的爱意。男人遇到动心的女人，很快就想发生关系。女人却不是，女人喜欢被追求的感觉，而且还会故意将被追求的过程弄得曲折、复杂和麻烦。她们会在一系列烦琐的被爱过程中，细细品尝做女人的幸福滋味。女人感觉快活的时候，往往是男人感觉快死的时候。或许女人天生都有些虐待狂的心理吧，总是喜欢以折磨男人为乐，而男人则又多多少少有些受虐狂心理。男人越是痛不欲生，女人就越是乐此不疲。初恋时，男人死去活来，她冷若冰霜，此一乐也；热恋时，男人倾家荡产，她心花怒放，此二乐也；婚后之乐，更是不胜枚举：男人当牛做马，女人作威作福；男人奴颜婢膝，女人扬眉吐气；男人可怜巴巴，永远是被告，女人高高在上，永远是法官。至于床榻之上，一个快活、一个快死的事情就更不用说了。

对学问的看法

学问这个东西说来人人敬仰，谁都希望自己有学问。可是男人和女人对学问的看法，似乎也是天差地别。男人总认为（或者至少是希望）自己是无所不知、无所不能，尤其是在女人面前。男人在女人面前不能失了面子，这个面子的关键就是，男人能不能回答女人的问题、解决女人的麻烦，这也许反映了几千年的男权社会时期对女性的压迫吧。知识似乎是男人的专利，再蠢的男人在女人面前，也会装出高深莫测的样子来显示自己多么的有学问。

而女人似乎也乐于接受这个现状，她们喜欢男人的学问，也乐于崇拜男人的学问。大部分女人对于自己有没有学问这件事并不太在乎，似乎这对于女人是可有可无的。但是无论什么样的女人都会非常在意自己的男人有没有学问，或者至少要自己足够崇拜才可以。很少有哪个女人喜欢一个像小学生一样天天追着自己请教这请教那的崇拜自己的男人。男人也不迷恋一个比自己强出很多的女人，这样让他们很没有安全感。

男人和女人的那些差别竟然源自老祖先

男人和女人，总是有着那么多差别，从身体到思维到能力都不尽相同。这到底是为什么？套用一下进化论的观点，其实这是由于男人和女人的社会分工不同造成的。

可能要往前追溯数万年甚至十几万年，也就是从猿人刚刚过渡到人的时候，那时候男人和女人的分工是很明确的。男人出去打猎，女人负责采摘果实和照顾孩子。

男人的职责是打猎，所以男人必须有强壮的身体，才能跟猎物进行搏斗；必须有方向感，才能在大森林中不会迷路从而能找到回家的路；必须有距离感，才能打得准猎物；必须有对冷热疼痛的迟钝感，才能在追赶猎物或被猎物追赶时，不会因受伤而影响逃命。

女人的职责是保护家园，所以女人敏感，身边的风吹草动都能感觉到，可随时保护自己的家园和孩子。她们能注意到每一个细节的变化，防止意外风险发生。能同时干几样事，这边照顾家园、孩子，同时又能洗衣做饭。忍耐力强，一旦男人几天打不到猎物而不回家时，一也会忍受得了。

于是，由于这样的分工持续了很长时间，男人和女人某方面的特质就不断地被强化而慢慢固定下来。

比如语言方面，通常来说，女人的语言能力要高过男人的语言能力。为什么呢？很简单，男人并没有哺育后代的能力，而女人在抚育后代的过程中，需要不断地和小孩子进行沟通，在这个过程中无形地锻炼了自己的语言天赋。在说话的时候，男人通常使用的是左脑，而女人通常是左右脑同时用。这样女人在语言能力上就比男人强得多了。在我们祖先那里，女人的工作集中在家庭内部或者家庭附近，当几个女人一起带小孩或者出去采摘果子的时候，不停地谈话就是她们的娱乐，谈话丝毫不会影响她们的工作效率。而男人们一起去狩猎就完全不同了，他们追踪动物的时候，除了必要的说话，话越少越好，以避免猎物受到惊吓。

比如购物方面，女人购物是一种娱乐消遣，而男人购物是完成任务。女人购物前并没有什么明确的目的性，也没有什么计划，很随意，有时就是为了出去逛逛。女人观察事物的思维是发散的，目光相当敏锐，可以在林林总总、花花绿绿的商品中，用很短的时间分出好坏和优劣，甚至包括小的细节。

男人购物时往往目的性明确，在出去之前就分析好需要买什么，然后选择有这些东西的商场和专卖店，制定出行路线并进行货比三家等，将范围缩小到一定程度，确定了要买的东西，就付钱买下。

可以看出女人的购物习惯和我们老祖先时期出去采摘的方式非常相似，采摘完全是靠天的赏赐，所以女人根本不必紧张，不必制定什么计划，只要出发、寻找、比较就可以了，不需要特定的目标或方向，也没有时间的限制。她们花一整天的时间随意乱逛，恣意品尝，摸捏找到的果实，同时天南地北地闲聊。如果果实尚未成熟，无法采摘，一天快结束时，她们就打道回府，即使毫无收获也不在意。

而男人的购物就是一场捕猎，首先有一个明确的目标，然后通过各种手段和方法分析猎物习性，接近猎物，最后进行收网捕杀。从收获方面看也是，男人通常拿回来的就是一两个猎物，而女人拎回家的往往是一大筐果实。买东西不也是一样吗？

所以为什么大部分男人一提起陪老婆、女友逛街就愁眉不展、唉声叹气，就是这个原因。女人总是不理解，像购物这么享受的事情，为什么他们表现得像受刑一样。因为对于男人来说，一次购物对他们不啻于一次艰难的工作，会给他们的心理带来很大的压力，会损害他们的健康，所以他们在购物时非常容易累。要理解，其实不是他们不想陪，是天性忍受不了。

第六章

女人请注意
——坚决不能嫁的男人

对于女人来说，男人是自己一生最重要的一件商品，有人人垂涎的绩优股男人，也有都想抢的好老公样板，还有普普通通的平凡男人，挑选起来自然格外地认真。女人挑老公的标准不一样，谁都有自己的一套标准，所谓萝卜白菜各有所爱。但是切记有些男人是坚决不能嫁的，嫁了之后你很可能会发现自己的苦难才刚刚开始。从一些细节入手，来揪出到底有哪些男人是女人坚决不能嫁的。

过于恋母，
盲目愚孝型

大部分男人在心灵深处或多或少的都存在一些"恋母情结"，因此在寻找伴侣的时候是以母亲为最初的蓝本，也因此就造成了"不是一家人，不进一家门"的现象。这其实是正常的心理，往往这样的男人还会因此对自己的妻子更加体贴、更加爱护，因为他把对母亲的爱也融了进去。但是凡事都有个度，"过犹不及"这句话是永恒的真理。如果男人恋母到了一定程度，就问题严重了。所以广大女性朋友们一定要好好审视他的恋母程度有多少。如果太过恋母，恐怕你们未来的日子会很难过。

母亲是男人生命中的第一个异性，男人正是从母亲身上认识女性、学习如何与女性相处的。因此母亲的认可正是让男人得到满足、得到自信的一个重要方式，只有这样，男人成年后，才有勇气向其他异性展示自己的魅力。但是母亲的认可往往都是不足的，所以导致很多男性在成年后都会在某个特定的情况下寻求母亲的认可，来弥补自己成长过程所缺乏的。很多男人不愿意承认自己是为了博得母亲的肯定，又往往觉得很难与父母沟通。

有严重恋母情节的男人在心理上可以说是跟母亲的脐带仍然未断，长大成人后凡事都仍依赖母亲。他们在母亲的溺爱下长大，顺利时也能勇往直前，但一旦陷入困境，就立即显出缺乏真正独立的弱点，耐力全无，以至全线崩溃。

有更甚至者，恋母情结到了病态的状态，就可能发生两种情况：一是乱伦行为；二是受"乱伦栅栏"的阻力而转变为恐婚症。他想爱和他母亲一样的女人，但遇到之后不敢有更深入的接触，原因就是：她既是母亲，又怎能做妻子，又怎能与母亲做爱？基于这种"栅栏"，他便无法达到正常人的性行为程度。

他们的童年、青少年时期，是在母亲的过度保护和干涉下度过的，即使已经成年，母亲仍会大包大揽，导致他们失去了学习自立的机会。对他们而言，能真正依赖的人只有母亲，其他女性是永远无法替代这个位置的。

当父母关系不和，或离异，或早亡，母亲身边的孩子（泛指男孩）便会自然地承担起"协助母亲负担家庭"的义务。他会以小大人的形象出现，希望自己快快长大，承担父亲的职责，以取悦于母亲。或是母亲过分恋子，诱发儿子过分恋母，联想到时下很多独生子女家庭，爸爸如果工作忙碌而忽视妻儿，有些男孩与妈妈可能就成了精神上的"情人"。

这样的男人也会爱上某个女人，但如果婚后牵扯到什么重要一点的事情，他判断的基准就会变成他母亲的立场，给出的也往往是他母亲的意见。即使退一万步，没有任何冲突，对另一半来说，自己永远是第二位的，不及他母亲的地位重要，心里也会不好受。

过度恋母男人的特征

过度恋母的男人和妻子的关系往往不融洽。无法忍受妻子说母亲的坏话，为此，会常与妻子怄气，夫妻关系的裂痕会越来越大，最后达到不可收拾的地步。

有恋母情结的男性，往往没有主见，缺乏进取精神，他们非常害怕失去母亲的爱，所以一直窥测着母亲的脸色，抑制自己的主张。他在处理、决定某件事情的时候，不是按照自己的意志来判断、采取行动的，而是按照他母亲的意思做出决定。

在择偶观上，这些男人要么喜欢比自己大的女性，以寻求安全感；要么喜欢比自己小很多的女性，这样才让他有点自信。

他们有一定的性自卑感或者性洁癖等。

只要符合上述任何一种状况的，都属于"恋母"表现。很多人认为，"恋母"表现就是他总是拿他的母亲当范例，认为他母亲是天底下最棒的女人而赞不绝口，其实不尽然，也有表面上对母亲说话态度很粗暴，其实心里很依恋的例子（如果没有发现他的这种本质，跟着他数落他的母亲，他会即时翻脸）。也有些男人和母亲关系很好，经常陪她逛街，但却并非"恋母"，只是单纯的尽孝。

恋母男人的几大害处

他的母亲一生非常寂寞孤独，只有这个儿子相依为命，你如果和她的儿子结婚，她会觉得你抢走了她的儿子。这样一来，本来不和谐的婆媳关系变得更加紧张了。如果你再表现出"你的儿子已经是我的人了"这种骄傲的态度，不想儿子被夺走的母亲，会变得非常强硬。

有的男人凡事都会搬出自己的老妈，还动辄把你和他妈做比较；身上穿的用的，包括手里提的公文包，都是"母亲亲选"牌；在生活细节上更是批评不得，他往往会振振有词，"我妈就是这么做的"。更有甚者，你要嫁的不光是他，还有他的母亲。你会发现你们两个人之间无时无刻不在他母亲的控制下。严重的是说不定他会完全忘记你这个妻子，而整天陪在母亲身边撒娇。

他会以他妈的意见为准绳，就会习惯性地把这些观点强加于你，让你和他一样严格按照他母亲的要求生活。

当你和他的母亲发生冲突的时候，你永远是错的，没有任何犹豫，他肯定站在他母亲那边指责你的不懂事，甚至不会回房间偷偷安慰你一下，因为在他的心里母亲是高于一切的，永远正确，错的只能是你。

这些事情听起来就够你头疼了吧？为了以后的健康幸福生活，所以一定要小心警惕过度恋母的男人。

怀才不遇，志大才疏型

你肯定见过这样的男人，他们可能无钱无权无事业，唯一有的是雄心壮志，二十岁如此，三十岁如此，四十岁仍如此。虽然这样，但他们丝毫不觉得有什么不好。他们看起来身怀抱负却久不得志。你会觉得他们是金子，发光只是时间问题。他们整天想的是如何功成名就，只是暂时还没有遇到合适的机会。听得多了，你彷佛也觉得他真的是怀才不遇，只是一时落魄而已。

这类男人自命不凡，好高骛远，而又没有实际才干；喜夸夸其谈，自我炫耀，有了一点成绩就沾沾自喜，到处胡吹；本质上缺乏稳重的气质，显得虚浮飘渺，使人对他缺乏信任感。这类男人终生不会有多大出息。

他们往往是标准的嘴上英雄，好像对什么事情都精通得很，事实上，没有任何实战经验。一个真正的"怀才男"不会只抱着梦想做梦，他们会为了梦想，做出实质的行动。了解业内行情，做好资金的前期使用计划，都是"怀才男"必备的事宜。如果你的男友只是对你描述他未来将如何赚钱，开多少家连锁店，发财好像是指日可待的事……那么他这个怀才是注定终身"不遇"了。

他是一个可口的诱饵，时时吊着女人的心。他每天壮志雄心、跃跃欲试，让你觉得他随时有可能一夜蜕变，驾着七彩祥云来迎娶你；你说他行吧，他整天无所事事，而且一晃就是很多年，每天的饭钱还得从你手里抠。这就是他最诡异的地方了：一方面，看似境况凄凉、穷途末路；另一方面，却又让你感觉一层窗户纸下面即是万丈光芒。

毕竟成功的男人总是少数，不是大多数女子可以有机会、有缘分遇到的。所以平凡女人大都希望自己找一个潜力股男人。判断一个男人是不是潜力股，这没有什么具体的标准，就看一个女人的鉴赏能力了。在潜力股里面，怀才不遇的男人，总是能够把美好的前景给女人描绘出来，女人觉得眼前已经看见希望的曙光，所以她们也愿意赌一把，万一自己真的押对了宝呢？所以很自然地把感情投资到这上面。正因为如此，怀才不遇的男人在事业上虽然比较失败，或者说尚未成功，但在爱情上却是颇得女人赏识的。

　　当然他也颇能博得女人们的同情，他总能让你觉得他遇人不淑，屡遭陷害。无论他做得怎样不好，你都不忍心责备他。可事实上，那正是他为你制造负罪心理的手段。一个认为自己有才华的男人，终日抱怨，即使真的如此，也会变得面目可憎。这正是他软弱并且不负责任的体现，通过向女人展示自己的软弱来博取"同情"的男人恐怕一辈子也遇不到成功的机会。因为他的机会正是在他的不断抱怨中消失的。

　　也有的怀才不遇男一开始往往给人认真、务实的印象，他的事业仿佛只欠东风。但事实上，那些只是虚张声势的烟雾。虽然等待资金到位固然重要，但成功绝不是光靠"敢于想象"就可以解决的。一个真正的"怀才男"，不会把自己的事业建立在"买彩票""遗产"这样的"投机"之上。他们宁肯每月从工资里节省，多兼几份职，也不会做被五百万砸中的大梦。

　　怀才不遇的男人还不如一个没有伟大理想的男人更适合做老公。因为一个平常的男人，也许通过自己的努力是可以改造的，他就是一张白纸，你可以尽情挥洒。即使改造不出来，他也不会自视甚高，会把你和家庭作为他毕生经营的事业。没有成功的老公、至少有个和美幸福的家庭，也不算是什么大损失。

　　怀才不遇男就不行了，人家才高八斗，能力超群，怎么能被你改造呢？他不肯听从你的建议，更不用谈接受你的改造。所以他宁愿继续怀着梦想，厚着脸皮让女人接济生活，也不愿意踏踏实实地从头做起。他有着远大的理想、崇高的抱负，当然更不会把家庭生活看在眼里，整天在憧憬、策划着自己如何干一番大事业，哪里有心思管你的死活？如果这个男人的才怀了太久依然没遇，他的心理肯定会出现种种问题，比如自卑，比如愤世嫉俗，再比如寻求红颜知己或是外遇来麻痹自己的痛苦。拿自己的婚姻和未来做赌注，都押在一个怀才不遇男身上，追悔莫及只是早晚的事了。

长期自卑，
一朝得志型

男人和女人恋爱有个规律，男人普遍喜欢找比自己逊色一些的女人，女人一定要找比自己优秀的男人，当然外貌不在此规律内。只有这样大家在感情上才能达到平衡。

而如果违反这个规律，两个人在一起相处则会很痛苦。所以在选择自己另一半的时候，女人一定要想清楚，对一个条件处处不如你、却死心塌地追求你多年或是小心翼翼对你、百依百顺的男人一定要警惕。

男人似乎骨子里有着很强的自卑感，他不喜欢比自己强的女人，总是希望能以一个俯视的视角去看自己的女人，这样他才能觉得安全。而女人只欣赏、依赖自己能够仰视的男人，这样才能让她产生爱慕的心理。

如果你比他优秀，他可能为了征服欲、为了虚荣心或者真的为了爱你而对你穷追不舍，可是一旦他真的追到了，他的奋斗和征服也就截止了，甚至因为自卑他不相信你会真心的愿意和他一起生活。他可能一方面委屈在你的大女子主义下，另一方面，自己的大男子主义也不得不找地方发泄。这种发泄，很可能成为他找外遇的诱因。他也许只有在那些女人面前才能找到自信。

自卑的人很可悲，一个自卑的男人就更可悲了。

他首先对自己不满，不满意自己的长相，不满意自己的状态，不满意自己的地位和出身。因为对自己不满，他的眼睛里总投射出挑剔和指责的光，在挑剔和指责的光线下观察自己，看见的全是阴暗面。因为心灵被黑暗笼罩了，生活也被黑暗笼罩着。自卑的人喜欢在黑暗中醒着，在光明中睡着。他可能也不会真正爱别人。因为长期的自卑给了他一双挑剔的眼光，他用这双眼睛看自己，让自己的心受伤，他用这双眼睛看别人，让别人的心受伤。生活中经常会遇到一些爱挑别人毛病、让人扫兴的人，当你快乐时，他立刻给你投放痛苦剂，当你做梦时，他立刻给你投放清醒剂，这些人自己活得不高兴，也不愿意别人活得高兴。原因很简单，就是自卑。

自卑的人是吝啬的，不愿意鼓励别人、赞美别人，更不愿意看见别人快乐。在男女交往中也如此，一个自卑的男人，也不会鼓励女人独立，会采取各种方式限制女人的发展。女人如果守在家里，他会觉得没情调，女人如果离开家，他又不放心，使女人处在两难之中。不论是男人还是女人，如果有自卑情结，就不会真正感受和体会爱的快乐，也不会分享他人爱的幸福。自卑的人还喜欢用苦难来标榜深刻。因为他的眼睛只盯着生活的阴暗面，盯着自己的缺点和他人的缺点，所以，他只能浸泡在苦难里。

一个条件很差的男孩追求他的女同学多年，一直被这个优秀的女生拒绝，然而他始终坚持不懈，后来他经过努力，事业有了一点起色，又来到这个女孩面前。这次这个女孩却表示愿意给他机会。本来该欣喜若狂的他却迷茫了，觉得这个女孩是看上了他的钱。其实这个女孩非常优秀，身边比他成功的男人不计其数，只是感动于他的执着，也希望这个男孩能看清自己的心，所以决定给他一次机会。

然而这个男人在爱情中受的挫折太多，长期以来的自卑已经根深蒂固了。他的成功没有让他自信，反而让他更没有安全感了，对爱情的态度完全是一种暴发户的心态。他惧怕失去，对感情的到来有深刻的不确定和无力感。

所以一定不要因为感动或者同情而答应一个对你一直任劳任怨、百依百顺、追你多年的男人。同情不是爱情的基础，如果爱建立在感动和同情上，而不是爱情和理智的选择上，注定是不会幸福的。

记得有句话"坚持得久了，就会忘记自己在坚持什么，忽然得到了反而一阵迷茫——我就是为了这些付出了这么多代价吗"？也许那些当年对你苦苦追求的男人有朝一日终于抱得美人归时，正是这样的想法呢。

谁能保证他不会把当年追求你时的辛酸和痛苦在婚后让你全部偿还回来？所以一定要远离自卑的男人，毕竟谁也不愿意为了他的自卑而毁掉自己的一切来满足他。

积极上进，
工作狂热型

曾几何时，工作狂是一种荣誉，几乎是成功男人的代名词。只有工作努力上进，才有成为成功男人的机会。社会物质生活的极大丰富，让女人的择偶标准越来越现实，事业成了男人价值的体现，事业成功的男人也就成了女人择偶的首选。

没错，有一个成功的老公，意味着你可能不需要为经济问题发愁，在物质方面可以极大地满足自己的虚荣心。工作可以不用去做，也可以有机会脱离家务的困扰。但是这样你就幸福了吗？其实女人总是不明白自己想要的是什么。

你可以想象一下，如果你的老公事业上很成功，却是天生的工作狂，生活的重心就是工作，没有时间陪你聊天、逛街；没有时间回你热情洋溢的短信；总有开不完的会和加不完的班；也没有时间承担家务。

从恋爱开始，他就一直是忙碌的，连约会也总是匆匆忙忙，经常加班加点，一起吃一次饭可能要预约很多次才能成功。你满怀欣喜地希望你们能出去找个有特色、有情调的餐厅吃东西，他却因为工作应酬太多而没有胃口吃。

经济条件可以支持你们到处去旅游，可他总是说没心情没时间。或是因为工作关系，他几乎玩遍了整个中国，而国外的大多数有名的地方他也都去了。当你提出举家出游的意见时，他却总是意兴阑珊地说："去过的地方，真的没有什么意思，要不然你们自己去吧。"

他能在家吃饭真是像买彩票中奖一样，少之又少，一个星期七天他至少六天半是在公司的，有时候是七天都在公司，偶尔不用加班，还只想在家睡觉。

你希望用孩子来拉回他对家庭的关注，怀孕后却发现即使挺着大肚子，你也依然过着以前那种自己上班、自己下班、自己吃饭的日子。随着肚子一天天地变大，行动越来越不方便，却只能把自己的爸妈招呼过来照顾孕前的自己及月子。

孩子出生了，所有的时候都是你在照顾，生病的时候没有人陪你去医院，因为他在加班。他甚至都不知道自己的孩子上哪所学校，今年几年级。

总之，所有的一切都只有你一个人承担，你还不能有丝毫怨言。你希望老公给你和孩子一些时间。老公总是很忙，工作似乎永远做不完，客户也是没完没了地见，以及没完没了的会议和电话。当你有所不满，试图抱怨一下老公时，老公的一句"我还不是为了这个家""我还不是为了你和孩子"便将你的嘴巴堵得严严的。是啊，老公说得没错，他那么辛苦还不是为了我们。我为什么还要抱怨呢？短暂的自我安慰还是掩盖不了内心深处涌上来的疑惑和不满：难道这就是我想要的生活吗？除了物质上的富足，生活中就没有别的需求吗？

当你的男人把忽略你变成一种习惯，你丝毫感受不到身为女人的幸福，也感受不到丰厚的物质带来的生活享受，就会觉得嫁给一个"工作狂"的男人真的好辛苦，虽然这曾经是你选择他的主要原因。

工作狂男人，往往不懂得如何去爱自己的家庭，他们会把工作放在第一位。现实中，很多女人都忍受不了这样的丈夫，可是她们虽然缺乏自己希望得到的温柔和关爱，但放弃又很可惜，何况都已经那么久了。

可是当自己需要的体贴和关心、孩子需要来自父亲的关爱、他的父母需要他去坐在那里陪他们说说话的时候，他都没时间或者说没心思去做。

他总有各式各样令人肃然起敬的理由：不是单位年终审计，就是重要客户来了，大老板到了，部门要参加招标。还有，就是他永远在应付的各种考试。他说，"做人要居安思危、未雨绸缪。"这就意味着，他永远不会陪你享受当下的生活。

女人需要的关心其实很简单，也许只是一通电话、一句话而已。这并不需要很多时间。尤其是处在现在这样一个信息无所不在的社会，处理工作上的事情，和朋友约会，联系喝酒的场所……为此一天他要打无数个电话。却没有时间给家里打个电话，所谓的没有时间打电话，不过是他觉得打电话给家里不太重要而已。

也许女人是一种很矛盾的动物，既现实，又感性。女人既想让老公事业有成、出人头地，又想让老公有情趣，懂浪漫，会生活。所以看清自己真正需要的是什么，来做个取舍吧。如果你想要一个爱家、宠你、能常常陪你的老公，还是远离工作狂男人吧。

风流花心，
不负责任型

　　女人似乎一直以来有一种情结，就是终结花心男人的那种成就感，从文学作品到现实生活，这样的例子比比皆是。如果一个花心男人要娶一个女人，女人就觉得一定是自己魅力非凡让他终于金盆洗手了。自己比这个男人之前的所有女人都幸运、都有魅力，为此洋洋得意的大有人在。有个说法是"男人希望自己是女人的第一个，女人希望自己是男人的最后一个"。为此，花心男人的市场似乎一直很火爆。

　　这里被称作花心男人的，是那种从来都不知道约束自己行为的人，他们像一只只蝴蝶，四处飞舞，游遍花丛。表面上，他们很风光，走到哪里都有女人相伴左右。然而，背地里他们比谁都孤独，因为他们没有属于自己的一份真感情。大多数这种人是在童年缺乏亲情和友爱。

　　花心男人从来不缺性，他们把性当作一种发泄手段，到处狂轰乱炸。然而，性不但排遣不了孤独，反而会更添愁绪。他们中的大部分恐怕永远没有终止花心的一天，不论他已婚还是未婚，因为花心男从本质上来说是很自私的人，凡事只会为自己考虑，心里面很少有责任二字，更不懂得心疼、体贴和包容的真正含义。因为不懂包容，所以在二人关系一有矛盾时，就会转向其他人，寻就所谓的安全感，或者说是安慰。花心男永远不会因为遇到一个值得爱的女人就收心，不到最后（死的那一天），谁也不知道结局。何况在花心男的字典里，根本没有值得爱的女人，也许他连爱是什么都不知道，只知道被人爱的感觉很美好，享受生活的每一秒是他们的座右铭。千万不要认为花心男会有一天变得不花心，真有那一天，应该是他花不动的那一天。花心男的最大特征就是：对女人非常温柔，而且彬彬有礼，谈吐也让人感觉很舒服。如果一个男人在外面对任何女人都这样，那肯定有花心的充分条件了。女人就是很容易上这种温柔的男人的当，而且有些没有经验的女人还会天真地以为自己会是他最后一个喜欢的人。花心男从来不会这样想，他会娶你，不过是因为他认为他有能力控制你，瞒着你在外面再搞暧昧关系，总之一句话，对花心男千万不能动真情，有本事的玩玩还可以，没有武艺傍身的，还是躲开为妙，把对付男人的方法用在这种男人身上都是多余，浪费青春。

有些男人在儿时没有得到父亲——这个在自我价值感建立过程中最重要的人物的客观评价，这会使他无论在外人眼里多么光鲜，但内在的自我价值感却很低。自我价值感低的人，如果难以通过正常的渠道获得成就感，就很可能通过其他旁门左道的方式，以吸引人们的注意力。

花心的人内心是空的，像个有磁力的无底黑洞，不断地需要外在的事或物来填充，但总也填不满。和一个人的地位、金钱、名誉是否高低无关，只是这些外在条件会创造更多的机会让他们去不断地换人。

花心的人并不知道自己到底想要什么，没有安全感，对未来充满担忧。

花心的人缺乏自信心和自尊感，缺乏内心力量。

花心的人不想承担对他人的责任，采取逃避的行为方式，不断地变换是另一种逃避。

花心的人总是希望得到更多的赞扬、尊重、认同和肯定。

花心的人什么都想要得到，不肯放下，不停地追逐所谓的"更好的"。

花心的人在心理上没有"断乳"，没有剪断和父母的"精神脐带"，还没有完成心理年龄的成长，成为一个真正独立的心理成熟的人。

花心的人患有心理疾病，因在原生态家庭中童年曾经的心灵创伤没有得到及时地治疗，这是常被父母和家人所忽视的心理误区。这些心灵创伤一直伴随着花心的人，靠这样的行为防御方式，让自己获得虚假的自信和尊严，带着一个越来越厚、越来越硬的金属面具在人生的长河中无奈、迷茫地行走。

有些男人
只能恋爱不能嫁

比你小的男人

女人22岁，喜欢17岁男生的羞涩和单纯；女人35岁，喜欢25岁男人的阳光和激情。这都没有错，错就错在女人会在这样的感情中迷失自己、迷失生活的方向，以为这就是爱情。

女人可以品尝新鲜和刺激，但小男人是只有口感、没有营养的快餐而已，在满足了自己的口腹之欲后，女人浅尝辄止罢了。

太帅而富有才情的男人

别说男人喜欢美女，哪个女人又不喜欢赏心悦目的男人呢？有一张漂亮面孔的男人特别能够激发女人体内的兴奋基因，无论是阴柔中性的还是阳刚酷帅的，都会令女人浮想联翩。可是，太帅的男人容易招惹是非，他就像翩翩采蜜的花蝴蝶，恨不得尝遍天下所有美色。如果这样的男人再有些才情，就像戏剧里的翩翩公子和童话里的王子一样，他仅能让女人多一些幻想罢了。

还有，太帅而富有才情的男人很自负、很自恋，这样的男人很难沟通，他喜欢生活在自己的世界里，不愿意与他人分享。因此，女人如果遇上这样的男人，完全可以把他当作一件流行的时装，体会一下时尚，之后还是赶紧脱下来，换上舒适、健康的衣裳。

有多次恋爱经历的男人

有这样一种男人，身边的女人像走马灯一样，男人还美其名曰不同的女人就像不同的风景，能带来不同的感受。这样的男人都有一个共同的特点，情感丰富、精力充沛，说他们玩弄感情似乎有些冤枉，因为他们可以全身心地对待每一次恋情，但每次只开花，不结果。

江湖人称这样的男人为恋爱高手、情感杀手，但对于女人来说，无疑是随时就要引爆的婚姻炸弹。这样的男人张狂，不懂得妥协和包容，一旦嫁给这样的男人，女人都会怀疑当初自己的智商。

为你花钱不主动的男人

对于女人来说，男人不应该以有钱或没有钱来区分，一个身家一个亿或身上仅有100元钱的男人，如果说他们之间有所谓的区别的话，那仅仅是看为你花钱是否主动。

有些男人身上仅有一块钱，都会拿出9毛9为心爱的女人买一根棒棒糖；有些男人，哪怕钱对于他仅仅是个数字概念，当他为女人花钱时，要么考虑这钱是否花得值当，要么算计这钱所能带来的结果。"你不是都有五个这样的包了吗？"在女人看中一新款包的时候，男人如果这样回答，这样的男人往往嫁不得。但是，这样的男人一旦将女人骗上床，他会认为之前的付出算是得到了回报。

主动为女人花钱，说明这个男人在乎你，有许多男人当他真正地爱上一个女人后，总把能够为女人花钱当作一件十分愉快的事情，他会给你买不值钱的布娃娃，在街边买一串石头手链，你的生日还没到就早早地开始谋划送一份什么样的礼物会令你开心而惊喜，这是男人表达爱意的一种特殊方式。这样的男人是好男人。

性格刚烈、脾气暴躁的男人

看到这里，也许不少女性会说，这还用你告诉我呀，谁不知道这样的男人嫁不得，但也不可以失身于他啊！但事实往往不是如此，恋爱中的女人智商为零，他们眼中的男人是父亲，是小说中的侠客，是电影里的英雄的综合体，性格刚烈、脾气暴躁的男人能够满足女人这样的愿望，这样的男人颇具男子气慨，女人有一种被征服的兴奋。

这样的男人还有一个特点就是讲江湖义气，朋友众多，但多是酒肉朋友，但这样的男人不愿意妥协，很难听从他人意见，注定不能归顺家庭的束缚。这样的男人适合于行走于江湖，可是，这不是古代。

太重事业的男人

有事业、有名望，这样的男人多少会令女人神往。但现实的生活需要的是系着围裙在厨房里洗洗涮涮、带着孩子在小区里疯跑嬉闹的男人。生活不可能天天是会议、天天是招标、天天是新闻发布会，有些事业心极重的男人习惯了商场的竞争博弈，习惯了众人的瞩目，习惯了运筹帷幄，一旦失去这一切，会感到失落和惆怅，笼统一句话：事业型男人中看不中用。

有太多爱好、游戏人生的男人

有些男人拥有太多的爱好，并且样样都拿得起、放得下，打电脑游戏通宵达旦、乐此不疲，钓鱼、玩牌沉溺其中无法自拔。和这样的男人在一起会很开心、很快乐，生活也很充实，可是，把人生当作游戏的男人不可能担负起家庭的责任的，如果你并没有打算和这样的男人有什么必然的结果的话，那你全当和他在一起是为了享受生活，也许，这还能给你带来些许令人回味的记忆。

但这样的男人嫁不得，如果有一天，这样的男人对你说，走吧，我们一道去浪迹天涯，作为女人，也许疯了的心思都有。玩物的确丧志。

学历与你差距太大的男人

学历决不可忽视，学历太低或太高的人，他们的思维方式一定不一样。和一个高学历的男人在一起，谈谈情、说说爱没有大碍，反而因此会给你打开一扇令你陌生的窗；学历低的男人更容易全身心投入感情，但是，学历对思维形态、行为习惯影响太大，嫁给这样的男人，你们必将成为永远不可能相交的平行线，夫唱妇随仅是个美好的愿望罢了！

成长环境与你迥异的男人

一句话就是"门要当，户要对"，其实这一句话把所有的都概括了。城市与乡村、豪门与陋室，环境造就人，特别是男人，骨子里的抗拒感极为强烈，不归顺，不融合。其实，这些也不用多说，那部收视率很高的电视剧《新结婚时代》就讲得很清楚了。门不当，户不对，自然也就不是一路人。

第七章

历数当下
流行的好老公

有不能嫁的男人，当然就有嫁了就觉得好的男人。不过这个好老公的标准一直是不断变化的，父母那个年代，嫁个工人、军人那是非常的时尚，会让身边的人无比艳羡。到了十几年前，嫁个大款几乎是女人的口头禅。再后来就开始流行医生、老师等工作稳定的人群，然后就是所谓的白领，那么这几年在流行什么样的好老公呢？

传说中的
经济适用男

诞生背景——前两年的金融危机诞生了一个新的"概念"——经济适用男。由于经济的不景气，使人们对生活的要求更加趋于理智，这时候很多奢侈品都被人所摒弃了，更多的人开始追求高性价比。女人们一向识时务，她们的择偶目标也纷纷从"金龟婿"变到了"经济适用男"。

定义——长相大众，性格传统；不吸烟、不喝酒、不关机、不赌钱、无红颜知己；从事教育、IT、机械、技术类等职业；月薪3000~10000元；有支付住房首付的能力，属于居家型高性价比男人。

特点及优势——长相普通，性格温和。工资不一定高，但收入稳定，工作相对来说比较轻松。在工作中，总是兢兢业业，努力勤奋。也许买不起闪耀昂贵的戒指作礼物，但有更多的时间陪伴女友，并能耐心地陪女友一起逛街、看电视。与女友意见分歧时，能够耐心倾听、适当让步、和平解决。能给女友一种亲切自在的生活，没有多少压力，悠闲而轻松。尊重女友的人生志向及爱好追求，不会以任何家庭理由牵绊她飞得更高更远。必要时还会勇于做出牺牲，帮助爱人实现人生理想。作风过硬，纪律严明，对所爱的人忠诚不二。有极强的家庭责任感，能坚守"终生相伴，永远不离不弃"的誓言。

形象代言人——沙僧

总结——从物质需求上看，"经济适用男"的经济实力虽然比不上"钻石男"，但他们会将大部分收入每月按时上交给老婆，这样便于开展稳健的家庭理财计划；从感情归属上看，"经济适用男"几乎把所有的时间和精力都投入到家庭生活中，因此他们对老婆忠心不二；从性格、能力上看，他们大多是单位里的骨干，做事认真，责任心强。

寻找一个收入稳定且顾家的好男人，始终是女性择偶的主流标准。人人内心深处都会希望未来的伴侣有殷实的经济基础，但在钱财与人品权衡中，更多的人偏向后者。

详细分析：

物质层面——"经济适用型"男人的经济实力虽然比不上绩优股男人那么有吸引力，但是相对收入普通的男性来说还是有优势的，足够维持一定水平的生活，能够当得了房奴、车奴。最重要的自然是他视家庭为第一位。平稳踏实的性格让他们将收入全部交给老婆掌管，而且不用担心他会冒险投资。

精神层面——毋庸置疑，"经济适用型"男人对老婆忠心不二。公司、家两点一线的生活模式决定了他们没有机会去结识红颜知己，最多有几个网络上的Q妹、M姐，关系也仅建立在打个招呼就没什么话可说的基础上，因为这一类型的男人不会花言巧语。

能力品质——他们大多是单位里的骨干或中层管理者，管理着一个小团队，其能力和品质绝对过硬。思维缜密、处事果断、忠诚果敢、责任心强，这些恰恰都是其职业要求，也是他们必备的品质。

生活情趣——这一点往往最为人诟病，一个较普遍的观点是："经济适用型"男人死脑筋、没情趣。其实不然，不善于表达并不代表没有情趣，由于他们多从事技术性产业和IT行业，接触网络的机会较多，博闻广识，接受新事物的能力强，而且会制造浪漫。只要善于发现并积极引导，你就会发现宝藏。

怎样抓捕
经济适用男

通过分析，大家发现经济适用男果然是绝世好老公，所以不要再犹豫了，赶紧动手抓住一个经济适用男吧！不过在下手之前，还要先了解经济适用男会喜欢什么样的女人，女同胞们才好有的放矢。

衣着简单

衣着打扮是男人看女人的第一关，"经济适用"型男人通常是理工科出身，脑袋里没那么多弯弯绕。他们可能看不出来你的衣服是哪个品牌，鞋子是不是最新款。他们喜欢衣着简单自然、又不乏品味的女性。他们的衣着品位很可能还停留在大学阶段，即一件简单的T恤衫+牛仔裤，有被误认为是在读研究生之嫌。他们喜欢衣着简单自然的女性，美丽的东西人人都喜欢，但千万不可浓妆艳抹。如果你太过时尚，妆扮和着装倒让他觉得你只可远观而缺乏亲切感。即使凭着男人的本性让他们对你垂涎三尺，但是天生的谨慎和务实还是会把和他在两个世界的女人自动排除掉。

温柔是杀手锏

出身传统家庭的经济适用型男人，对像妈妈一样善良、温柔的女人会有一种天然的好感。他们希望另一半也是传统型的女人，居家、温柔、母性。如果你能做到这几点，经济适用男恐怕会一头栽进你的爱情陷阱再也不出来了。

情史保密

不论你有怎样美丽缠绵的爱情史，在认识他之后就彻底忘掉或者封存起来。思想相对保守、情感经历少的可怜的他们，经受不了太多的刺激和惊吓。他喜欢简单的女人。所以就没必要告诉他你的前男友叫什么名字、你们之间有过怎样的故事。万一不幸的是你的前男友他也认识，就从此把这个人的名字作为禁忌词汇，永远不要在他面前提起。

朋友圈子

他可不喜欢整天对你出门和朋友聚会提心吊胆，经济适用男本身交际单纯，不太能接受女友身边只有一群男性友人，这会让他心里紧张。所以，赶紧清理一下自己的蓝颜知己、网友以及健身房偶遇的阳光男孩等。

居家的手艺

经济适用男的工作往往需要加班。他单身的时候恐怕也不会有闲情逸致自己下厨做饭。所以有机会给他做一顿家常但是美味的饭菜吧。保证他会感动地流泪，立马拽着你冲向结婚登记处。如果你的手艺仅限于煮泡面，赶紧多学习一下，努力提高厨艺。不过即使你实在没有那个天赋也不要紧，有下厨的意识就好，也许你的经济适用男是个厨艺天才。当你们一起在两个人的小窝做饭时，那种甜蜜可是经济适用男一直幻想的幸福家庭生活的样子。

模范老公
灰太狼

灰太狼档案

爱称：灰灰

生日：羊历3475年9月26日

年岁：38岁

口头禅：可恶的喜羊羊，我一定会回来的！

标志：刀疤、橙色带补丁的帽子、脖子前的围巾

爱好：搞发明、抓羊

优点：爱老婆、聪明、心理素质强

缺点：怕老婆、贪婪、粗心大意

常吃食物：癞蛤蟆、青蛙、蔬菜沙拉等不是狼吃的东西

这几年，灰太狼这个响当当的名字恐怕没有几个人不知道。《喜羊羊和灰太狼》这部动画片不但是无数小朋友的最爱，也让无数女人发现一个珍宝，那就是她们眼中的模范丈夫灰太狼。网上早就到处流传"嫁人就嫁灰太狼"的口号了。我们就来详细了解一下这个模范丈夫灰太狼的几大优点。

★灰太狼爱自己的老婆胜过一切

这可是男人必须要具备的哦。虽然老婆红太狼在家衣来伸手饭来张口，

但灰太狼一点都不嫌弃她，从来不会挑剔老婆，不提出离婚，更不会以找小老婆来做威胁，对老婆百依百顺，每句话都认真贯彻执行。每次灰太狼历尽千辛万苦、好不容易抓到羊，面对细皮嫩肉的小羊，尽管灰太狼馋得口水直流，还是辛苦地把小羊送到老婆大人面前，或煮或炸全由老婆说了算。

★灰太狼热爱劳动，爱干家务

别小看这一条啊，两口子过日子讲究的就是细节，干家务、带孩子那全是细节。虽然灰太狼每天都出去抓羊给老婆吃很辛苦，但他仍然坚持做家务，洗衣服、收拾房间，什么活都不用老婆插手，多热爱劳动啊，嫁给这样的男人，女人就不用担心很快变黄脸婆了。没有羊的时候，灰太狼怕饿着老婆，亲自下厨为老婆大人做饭而毫无怨言。会做饭的男人对现代女性来说是很有吸引力的。

★灰太狼聪明能干，爱动脑筋

每次抓羊他都会想出新的方法，制造出各种各样的抓羊工具，而且经常都能抓到。虽然最后总是由于种种情况让小羊跑掉了，毕竟主要是因为剧情需要。所以他要是在现实中，肯定是家里的东西坏了他都能轻松修好，这种男人省心又省钱。他这种钻研精神在工作中肯定也不会落后，所以不用担心经济状况，肯定有着大好的前途。

★有毅力，百折不挠

虽然每次灰太狼的抓羊行动都以失败告终，但他都会大喊一句：我一定会回来的，然后下次继续钻研抓羊的方法，从来不为失败而气馁。有毅力的男人是注定会成功的。你看哪个成功人士不是经历千辛万苦、多次失败才修成正果的？

★灰太狼不花心，无条件的爱老婆

在当今小三越来越猖狂的社会，灰太狼这样的男人非常可贵，偶有抵挡不住小白狐的媚眼给人家献了殷勤，把抓到的青蛙送给对方的错误行为发生，但老婆一声召唤就会乖乖回家。虽然被老婆整日拳打脚踢，平底锅飞来飞去，灰太狼却毫无怨言，认为老婆是恨铁不成钢。它的日记中有一句话非常让人感动：或许大家觉得我被老婆打、被老婆骂很可怜吧。可是，我觉得她是世界上最好的老婆！

★灰太狼绝对服从老婆的指挥

老婆的话永远是对的，嫁个这样的老公不用担心自己做错事。红太狼要吃羊，灰太狼立马动手去抓。怕惹老婆不高兴，失败了甘心情愿地挨打受罚。老婆不高兴了，他还会想尽办法哄她开心。有这样的老公，在家可以享受女王一样的待遇。

结论：

灰太狼这样一个完全包容和奉献、将老婆永远摆放在第一位的男人，作为女人，面对这样的老公怎么能不动心。虽然大多数人都知道，动画片只是动画片，但是女同胞们还是有权利可以幻想一下的吧？男人都梦想着有一个在家是主妇、出门是贵妇、床上是荡妇的女人。如果真的能遇到一个具有灰太狼的优点的男人，就千万别犹豫了，不嫁还等什么？

工程师老公与 其他职业老公的PK

医生

医生一直是大部分女人都喜欢的老公人选。但是想想他也许每天给那么多女人看病，还和那么多女人一起工作，心里就觉得不踏实。医生和病人、医生和护士之间的故事可是很泛滥的。所以考虑到自己的心脏问题，免得整天担心他会跟某个护士小姐跑掉，或是被一个假装生病的年轻女人勾引走，所以还是不要选医生当老公吧。

你的工程师丈夫不会发生这种事。因为他很忙，连见你的时间都很少，何况他的同事中女人的数量也比较少。

律师

虽然在国外律师几乎是中产阶级的标志，有着不错的社会地位，是老公的首选。但是在中国，律师不一定有国外律师的高收入、高地位，更何况他的工作情况复杂，要跟一个靠撒谎、找漏洞为生的人能保持诚实、信任的感情，实在有点难度。还有一个附加危险是在离婚时，打官司时往往是他赢，你可能会一无所有。

而工程师整天只会和图纸、设备打交道，没有太多的机会去锻炼他的社交能力，所以他的口才足够差到让你看出他是不是在撒谎。

推销员

首先是他的可信度比律师还差。他口若悬河的样子只能让你自惭形秽,不知不觉就被他忽悠了。你根本不知道他哪句话是真的哪句话是假的。然后就是他的工作收入不稳定,成功的话财源滚滚,失败的话就食不果腹。还要常常出差,或是到处上课和开会,他的朋友也都是一样的人,这样久而久之,他的可信度恐怕会更要打折扣了。

工程师则是除了公司就是施工现场,虽然他也要出差,但是施工现场都是一群和他一样的工程师以及工人,他不可能学坏,也没机会出轨。

老师

想象一下你的丈夫整天被一大群青春貌美、又盲目崇拜他的女学生团团围住,你恐怕整天都会心惊肉跳。现在的女孩子早熟又热情主动,他挡得住一次两次诱惑,多了恐怕是圣人也会动心。说不定他很快就会被抓到监狱,你只能以泪洗面地痛恨他了。

而工程师丈夫整日只能看到计算机和图纸,看到女人的机会少,看到年轻漂亮女人的机会更少,所以丝毫不用担心他会因为有对比而嫌弃你老了、胖了。

公务员

最近几年公务员是个相当受欢迎的职业,更是女人找老公的好选择。只是如果认真分析一下,公务员也未必真的如此完美。他虽然工作稳定,福利保障都是一流,但是这么多公务员,真正能熬出头、熬到领导岗位的人总是少数。大部分人也只能有小小的升迁而已。而公务员的工资算不上高,成长跟努力又不一定成正比。饭局应酬不少，你总会担心，不管是他的身体还是他有没有其他的"娱乐活动"。

而工程师是技术人员，虽然为有太大的成就，但是只要努力学习、钻研，工资通常都是稳中有升的，前途比较明朗，也不会有许多的应酬让你紧张。

工程师老公
的优点

有责任心

现在的所有工程都是要求责任终身制的，万一他所负责的工程项目在使用中出事了，很可能就要身陷囹圄。这中环境中培养出来的男人能没很强的责任心吗？幸福应该是终身制的好吧，把终身的幸福托付给这样的人应该是不会有太大的风险的。

经济实用

他们的薪水普遍还是相当可观的。而他们因为工作性质的缘故往往没有机会花钱。所以管钱和花钱的重任，自然就落在了他妻子的身上。他不会娱乐，也很少有女人花他的钱，可以大大方方地花他的钱，并且告诉他这是促进经济繁荣，拉动内需。

吵架占有绝对优势，嫁给他可以省去很多口角。要吵架也是他们以失败告终，他们生来就不是吵架的料，他们整天面对的是厚厚的砖墙、冰冷的钢筋水泥，自然不会有很好的表达能力。别的什么文法学院的、经济管理学院的，因为专业关系想必个个都是吵架的天生好手，你受得了？

心灵手巧

他们IQ够高，遗传给以后的宝宝，肯定是不用操心不用补课，轻轻松松考出一堆好成绩来让你骄傲地跟闺蜜们显摆。他们使用工具修理东西的水平肯定也不会差的，毕竟他们跟设备打交道的机会很多，看也看个八九不离十了。

不会挑食

因为他们在学校吃的是食堂的饭，出来后又是去工地，特别是交通土建的，吃泡面、干粮是常有的事，只要你的厨艺不会烂到挑战味觉极限，端出来的不是生熟混合物，都有可能会有赞美之辞哦。所以出嫁之前你不必刻苦学习烹饪技术。

温柔

他们一直生活在极度缺少女生的空间中，他们的专业就是"和尚班"，上班之后又是整天面对一群男人，对待柔弱的女生会有一种天生的疼惜，极尽温柔。即使你有什么很无理的要求，只要你娇嗔央求，他们是无法拒绝的。

自由

嫁给土木工程师一般比较自由，他们都在建筑工地上班，而且一般都要加班（你见过哪个工程停停做做的？），你一个人在家想不做饭就不做饭，想看电视就看电视，想看哪个台就看哪个台，不会有人跟你争抢！

省心

他们跟人打交道太少，很难学会勾心斗角，你不需要花心思跟他斗智斗勇，因为他根本就不会。也不需要花太多心思去取悦他，因为他见到的女人本来就很少，更不用说漂亮的女人。他对你的要求很少。你不用担心会遇到一个挑剔的丈夫。

[IT男是好老公
  的典范]

天性专一，工作环境的关系出轨机会少

要知道写程序不是一件有趣的事，能忍受枯燥无味的生活，并且从中发现乐趣，一定是一个专一的男人。除了写代码锻炼了IT男认真、踏实的性格以外，从客观环境来说，IT男也不具备花心的条件。IT公司里大部分都是男人，很多公司里也就仅有做行政的几个女性，绝对狼多肉少。所以嫁给IT男的女人们可以绝对放心，他在上班时间绝对安全。他不可能和隔壁部门的女同事打情骂俏，因为放眼望去都是同性。

少有花花肠子，服从老婆管理

现在想找温柔、体贴的居家型男人的女孩越来越多。很多人觉得这样的女孩傻，放弃了自己改变人生的一个机会。其实她们才是真正聪明的女孩。毕竟女人生性对感情的渴望和需求不是物质能弥补的。IT男正是居家男人的好苗子。他们学生时期是老实、内向的理科生，内心和外表一样简单，不会花言巧语哄骗小女生。婚后他们也会很顾家，收入全部上交老婆，不需要为了跟他斗智斗勇而练就十八般武艺。他们也不会有很多必须参加的应酬，让你在家坐立不安。下了班就乖乖回家，有个天天能够陪你的老公，对女人来说是不可多得的幸福。

拿老婆当宝

他们属于赚1万给老婆花1万的类型，买衣服自己凑合就行，老婆喜欢的会毫不心疼地买下来。他们上学时是在女生稀少的理工学校，工作又在女同事稀少的IT行业。经历相对比较简单，对嫁给自己的女人会抱着一种珍惜和感激之情。他们对老婆的疼爱恐怕不是很多万花丛中的男人能比的。

收入适中，稳定成长

IT行业毕竟也算是高收入行业，工作几年的IT男多半会是中等以上的收入水平了，基本还是可以满足一般女性对工资的要求了。虽然也许他不能像做金融或者公务员之类的人有着大富大贵的前景，但是难能可贵的是他稳定的发展，不用担心失业。

而且他的钱都是自己的心血，不会多到让你担心"男人有钱就变坏"。你可以美美地憧憬未来的小日子，而且会越来越美好。毕竟有成长、有期盼才是最幸福的人生。

知识丰富，动手能力强

IT男普遍动手能力是很强的，所以结婚后不用担心对着坏掉的东西发愁。当然他们最擅长的处理电脑问题更不在话下，你再也不用因为电脑出状况就抓狂了，等于有一个长期免费的微机服务部。因为不太有机会花时间追女生，他们只能靠丰富自己的知识来打发无聊的时间。所以等于还附赠了一个免费的百科全书，尤其是网络方面。而且关键的是以后小孩的数理化辅导你就不用操心，他自己多半都能搞定，省了很大一笔家教和辅导班的费用。

省钱低耗，节能低碳

他们普遍不太爱打扮自己，穿着随意舒适就好。因此在他们的服装费上就省了很大一笔。而且他们不会对你的衣着打扮指手画脚，让你觉得很没面子。他们能和狐朋狗友聚会、泡吧等活动的机会不多。他们的娱乐消遣项目比较少，平常多半就是看看新闻、玩会游戏。这样又省去了一大笔娱乐开支。

老男人的魅力在哪里

不知道从什么时候起，女人似乎就流行嫁给老男人。从《蜗居》里的外遇老公宋思明就可以看出，这个男人在网上的支持率是非常高的，远远胜于阳光男孩小贝和老实丈夫苏淳。很多年轻女孩都心醉老男人的魅力，不惜一切代价从人家妻子手中抢夺老男人，造成了现在外遇现象的猖獗。

这到底是为什么呢？老男人真有如此魔力？有人说老男人就像一瓶上好的红酒，外包装精致而考究，成色丰厚且神秘，会在嘴里甜中带涩，不论最后是真爱或是不爱，至少它代表着女人对男人价值魅力的一种品味和眼光。

经济基础

财富是老男人有魅力的重要一条。在经济上的坚实后盾，为他排除了浪漫爱情戏码里最大的一个障碍——他们有足够的经济基础可以支撑一个理想中追求爱情的天空。财富是成功最显性的象征，女人会认为对于成功者的仰慕是天经地义。于是安于把老男人当作保护伞，做依偎在他身边的小女人。社会残酷的竞争让女人感到畏惧，她们觉得自己既然有嫁人这条退路自然不能浪费。正如《蜗居》中的海藻，宋思明靠能力和经济实力，轻松化解了她家的危机，这一点怎能不让小女孩心动？

成熟魅力

他们在事业上游刃有余、有张有弛，他们的悲情经历、创业心路是一部特别吸引人的小说，他们有容乃大、无欲则刚的生活哲学显得高深莫测，说到底他们就是爱情故事里极力渲染的男一号形象。由于有财富和地位的基础，此时的老男人自然有着年轻男人无法比拟的自信与气度。他们所具有的那种稳健和安全的感觉，正是女人追求的，尤其是在这样一个竞争激烈的社会里。他们总是一本正经、不苟言笑，做事总是条理分明、循序渐进，他们策划的任何事情都是一盘大棋，步骤严谨，让女人除了钦佩就是崇拜。

经验丰富

女人或是被他的发迹经历吸引，或是被他曾经的青春励志、悲情戏码吸引。他们有应对各种复杂状况的经验，在女人遇到难题的时候，他们可以不费吹灰之力化解女人的疑虑，让女人放心、安心。而他们对女人的了解又能使他们很轻易地把握住女人的心。

老男人的丰富对于简单的女人来说是一个极大的利益互补。他们的阅历会让女人经常有新的发现，有时会在自己现实的经历中找到和他过去的共鸣，有时他曾经经历过的辛酸也能成为女人人生道路上的借鉴。

被宠爱的感觉

每个女孩子或多或少都会有恋父情结。而事实上，当老男人碰上小女人的时候，也的确会表现出一种特别的宠溺。没有女人不喜欢把自己既当女人也当女儿，如果在一个男人面前，女人能尽情地撒娇，这个女人的心便再也跑不掉了。大多数成功的老男人知道该用什么样的方式让一个女人更美丽，而这正中女人天生爱美的下怀。对她们来说，老男人不仅是物质上的支持者，更是精神上的道士、心灵上的益友、事业上的导师。这种关系让女人在生活上对老男人有某种程度的依赖。老男人的宽容和体谅让女人爱得更轻松、自在，即便在某方面女人比男人付出得多，老男人也有能力而且懂得去体惜和平衡。

这就是老男人的魅力所在，既不是强健的身体也不是英俊的外表，他的钱财让你觉得有了依赖感，他还能给你精神上的满足，足以麻醉你所有的神经。他的表达方式需要你动些脑筋去揣摩，女人虽然会拒绝爱，但是从来不讨厌男人的求爱。问题是老男人的方式很含蓄，欲擒故纵、欲说还休，你在肯定与怀疑之间的徘徊，让他就有足够的时间来表现成熟自信和对你细心的关怀，最后的结果就是你彻底爱上这个老男人。

但是老男人这些耀眼的光环下面，这些所谓的魅力哪一条不是人生阅历的积累？这个老男人十几年前也曾经是个小男人，而你身边的那个幼稚的小男人有一天也会变成充满魅力的老男人。

小女人不可能是老男人的对手，在老男人眼里，他的家庭、事业、名誉、财富统统比爱情实在，统统比爱情重要。小女人最后的结局就是青春不再，没了尊严、没了自信和前进的勇气，小女人成了人人唾弃的第三者，老男人则安享他妻子宽宏大量的谅解，最终损失的又是谁？

第八章

剩女攻略：
如何发现
自己的另一半

剩女这个词现在几乎都被说烂了，一时俨然成为了社会问题。其实很多女人都不认为自己是被剩下来的，只是没有机会碰上合适的男人，那么到底怎样才能有更多的机会发现自己的另一半，从而脱离这个令人不快的称呼呢？

[哪里可以
邂逅好男人]

　　现在的人们生活忙碌，很多上班族都是朝九晚五、每天两点一线地生活着。一天的工作已经令人疲惫不堪，很多人都没有心思去娱乐。而网络的发达又形成了宅一族，这无形中又给剩女们结束自己"剩"的状态制造了更多的困难。于是现在不少年轻人只能重新拾起当年父母那一代流行的相亲，但是也是几家欢喜几家愁，有人几次就遇良缘，有人身经百战却依然是孤家寡人。

　　无数女人都抱怨着自己的工作圈子太窄，自己没有机会认识好男人。其实从来就没有什么行业更容易碰到单身男人。多给自己制造邂逅男人的机会才是王道。现在中国人的生活相对还是比较单调，不同于西方一直有着重视社交活动的传统。所以增加自己的社交生活，拓展自己的圈子就成了当务之急。

朋友聚餐

　　对于很多女孩来说，略微熟悉的人总是更有安全感，于是朋友的朋友便成了一个很好的选择。多和自己的朋友出去聚餐，顺便叫上自己的异性朋友，甚至朋友的朋友一起，规模可以稍微大一些，多几个人一起玩热闹，还能避免人少没有话题的尴尬。说不定哪一天你就遇到了你的真命天子。如果你只是单方面对他有好感，但是没怎么跟他说过话，不要不好意思，马上让你的朋友帮你安排一次见面。

同学聚会

青涩而单纯的学生时光是让人难以忘怀的。而那段美好的日子里，你恐怕也会有自己小小的秘密。也许哪次同学聚会上你就和曾经的暗恋对象相谈甚欢，或者发现当年青涩幼稚的小男生如今也变得成熟潇洒。同学间的亲切感又很容易能够打消彼此的不安。所以热心地参与同学聚会吧，以信在同学聚会上摩擦出恋爱火花的可是不在少数的。

婚礼、生日宴会

在别人的婚礼上邂逅自己的另一半绝对是一件无比浪漫的事情。看看婚礼上多少人争抢新娘的手捧花就知道婚礼对想恋爱的人是多么好的兆头了。尤其是伴娘的角色，与伴郎在婚礼上相识、共谱恋曲更是皆大欢喜的事情。所以不要心疼自己的喜钱，多参加婚礼婚宴，睁大眼睛找到一个好的坐席，不要因为紧张就坐在都是熟人的席位，给旁边的陌生男孩子一个在席间照顾你的机会，也许一年后就轮到别人出席你的婚礼了。

联谊社团组织

多关注联谊活动的信息，现在的单身联谊组织可是多得不行，报名参加个"白领单身俱乐部""红男绿女"，或者其他类似的的组织。虽然现在的联谊活动很多都比较无趣，没有什么有意思的内容。但是不要灰心，多参加总会有机会。毕竟联谊会不像相亲那样有目的性，而是提供单身人士社交的机会。即使你没有碰到意中人，也可以放松一下，能结交到好朋友也是意外收获，说不定以后你的终身伴侣就是他们介绍的。

工作场所

这个地点听起来不够浪漫，但是很实际，不少人就是这样遇到他们终身伴侣的。毕竟工作占据了人们生活的大部分时间，所以如果能在这里找到未来的老公也算是一种补偿了。不过不少公司都有员工之间不能谈恋爱的规定，大可不必为此伤心，同办公室的男女也可能因为过于熟悉而缺乏吸引力，把眼光放远，不同部门、分公司的同事、写字楼里的其他公司，甚至客户和供应商等，以及一切有工作关系的单身男人都可以是你留心的范围。谁知道天天和你同乘电梯的帅哥是不是已经心仪你很久了。

商务聚会

虽然说商务聚会以工作为主，但是毕竟为了自己的终身大事，时刻留心总是不会错的。所以当你要参加各种产品展示会、画廊酒会、××庆典等商务聚会的时候，一定要擦亮自己的眼睛，比如产品展示区的相邻展位的男性员工、某公司年庆时同席位的帅哥等都是你要注意的。如果看到喜欢的目标，大可以工作为幌子接近对方，主动自我介绍，交换名片，留下彼此的联系方式。如果当时谈得不错，活动结束一段时间后他都没有约你，你可以主动约他一次。如果他再不主动安排下次约会，恐怕你就得选择放弃了。

各种培训班、训练班

这是一个一举多得的好地方。现在竞争的激烈大家都心知肚明，所以不断充电是非常重要的。不过这里也是一个邂逅良缘的好地方，毕竟会来充电的男人，一定是积极上进、喜欢完善自己的男人。或者根据爱好报一个兴趣班，这里遇到的不一定都是潜力股，最差也会和你有共同爱好，这可是爱情最好的催化剂和粘合剂。别犹豫了，赶紧报个班上课去。学门语言、考个专业证书，或者学个乐器、绘画什么的。保证你不会后悔，就算良缘不成，好歹学到了东西，是个绝对不会赔本的方法。

网络

现在的宅男宅女已经成了气候，剩女中恐怕有不少都是宅女一族，究其原因还是因为网络的普及。但是事物都是有着多面性的，虽然是网络造就了宅男宅女，使人们参加社交生活的机会更少了。然而网络的庞大资源和便捷却也是可以用来帮自己找到另一半的，网恋曾经是个敏感词汇，引发了社会的广泛关注。然而随着网络更加深入人们的生活，从网友变成恋人早已不是什么新鲜事了。网络上有无数种方式都是可以尝试的，数不胜数的网络红娘自然不必说，各种论坛、同城交友、聊天软件甚至网络游戏，只要有心，处处都是可以撒网捕鱼的。当然鉴于网络的虚拟性，捕鱼时要擦亮眼睛，提高警惕，捕到的是可爱的小丑鱼还是凶猛的鲨鱼就看你自己的鉴别水平了。

剩男VS离婚男，向左走还是向右走

近几年来人们对剩女的话题关注度越来越高，简直能和当年"某某门"的热度相比。大家都想帮忙解决，而剩至今日，摆在剩女们面前的男人却寥寥无几。大致也就剩了两类：一类与剩女相对，叫剩男；一类是进过一遭围城又突围出来的，简称为离婚男。虽然听起来这两类人都不甚美好，如果硬要选择其一，恐怕大部分人都要认真考虑一番。

曾经听说过这样一个观点，即把男人和女人都划分为甲、乙、丙三等，甲等自然是最好的，丙等是最差的，则必定是大部分的剩女属于女甲，大部分剩男属于男丙。之所以会出现这样的现象，究其原因，恐怕要归结到女人崇拜强者的习惯。也许是几千年的积淀太过于深刻，即使现在的社会对女人越来越宽容，给女人的发展空间越来越大，然而女人内心深处还是固守着一些东西，即男人一定要能够依靠，一定要比自己优秀。可惜男同胞看到女同胞的追赶没有危机意识。越来越多的女人成为了甲等，而男人却没有超越甲等这个意识。所以当女人奋力爬上甲等之后发现，高处果然不胜寒，自己竟然没有人能够依靠了。男人看似强大实则软弱的心理也无法接受一个比自己强大的女人，而只能往下找一个比自己弱一个等级的女乙。照这样的原则，于是男乙就找了女丙，最后男丙也被空出来了。男人和女人的层次被错位了一个甚至两个层次。

于是似乎剩男和离婚男的孰优孰劣显而易见了，毕竟离婚男至少也是在乙等甚至甲等。所以离婚男有着大把的拥护者，甚至有段时间离婚男成为紧俏

"商品"，而剩男则是"滞销货"，或是经济基础不佳，或是本人条件实在太差，女人都不愿意嫁给他们，所以他们才"剩"了下来。

更有离婚男的拥护者认为其之所以会离婚，是因为他能够正视婚姻中的问题，而且他们经历过婚姻，更成熟、更加会心疼妻子，更不用说他们普遍有着较雄厚的经济基础。所以在拥护者看来，离婚男是被雕琢出来的美玉，只等人发现、珍藏。

但是换个角度想，成为离婚男，是因为他的婚姻出了问题。不管过错在于谁，始终也是一次失败的经历，心里或多或少都会些阴影。貌似成熟有经验的他们，有的其实也只是一次失败的经验而已。并且，经历过一次失败婚姻的他们，早已没有了初婚时的甜蜜与激情。而婚姻这种东西在人们的观念中依然是一生一次的大事。当初婚的剩女遭遇再婚的离婚男，一方满怀激情的憧憬着盛大的婚礼，憧憬着新生活，另一方却只想低调、平淡地步入婚姻。这样的差异必定会给初婚的剩女们不小的打击。

曾听过一个离婚男对一个新婚的朋友说，婚假不必请很多天，搞得那么麻烦，其实结婚也不是什么大不了的事，这位新婚的朋友听得郁闷不已。他本人再婚时很低调，娶了一个爱他的女子，因为爱他所以不计较形式，可她的心底恐怕也免不了一丝怅然，毕竟谁不想一生有这一次难忘的回忆？

而剩男们确实有一部分是因为是男丙，没有女丁可以来仰望他而被剩下。然而，剩男们大多还是因为暂时不愿结婚。或是错过良缘，或是专心事业，种种原因使他们蹉跎了自己的幸福。或许他们不像离婚男已经完成了经济基础的积累，他们正在等待时机，希望能够趁着年轻力壮，努力发挥聪明才智，强大自己。他们是正在升值的潜力股，更是一块璞玉，等着给发现他、雕琢他的人惊喜，毕竟自己亲手雕琢出来的更有意义不是？而如果你就是那个发现他是璞玉并雕琢他的人，他对你的感激和依恋恐怕都会让你难以承受了。

其实每个人都是不同的个体，剩男也好，离婚男也罢，都有自己适合的那个女人，而对于那个女人来说，他就是最棒的。其实简单一点儿，了解清楚自己想要什么，谁都可以得到幸福。彼此真心相爱，有着契合的性格，两个人相处，有着自己的平衡法则就足够了。至于选择剩男还是离婚男，每个人都自己的标准，合适才最重要。

寻找另一半应该关注什么

教育背景

可以说学历并不重要，因为它并不一定能够代表一个人的层次和水平。但是，他受教育的这个过程，是很重要的。同样是大学四年，可能有的人踏踏实实地在图书馆度过，可能有的人沉浸在网吧里面，这就是学历不能说明问题的原因所在。现在社会上的继续教育鱼龙混杂，有些人可能因为某些原因错过了正规教育而被迫走上这条路，而有些人只是为了省事，干脆花钱买个学历。所以，对一个人教育背景的关注，至关重要。

家庭背景

关注家庭背景不是让你攀高附贵，而是让你从某种程度上了解一下他的成长环境。不可否认地说，成长环境对一个人的心理形成和性格塑造影响深远，根据一个人的成长环境或许就可以了解他性格中的某些问题。再者说来，如果结婚以后，你要接触的不仅仅是他这一个人，还要接触他的整个家人，所以，提前的了解是很有必要的。

能力

多数姑娘在相亲的时候首先要关注的是对方的工作和收入水平。且不说这样的女孩儿物质不物质，至少可以说是肤浅的。工作和收入水平只能说是现状，不能代表他以后的情况。在很多女孩羡慕自己的闺中蜜友找到潜力股的时候，是否该反思一下自己当初相亲的时候，关注的方向是不是有错。当然，才华不一定能转化为现实性的东西，这之间还需要有一定的机遇，但是，没有才华的人如果成功，那也只是暂时的，或者是空洞的。

志趣

这是一个容易忽略的方面，但同时又是一个至关重要的方面。因为它直接关系到你今后的生活品质。物质虽然能够给你带来高水平的生活，但是品质未必会高。一个人的志趣包含了这个人的兴趣爱好、情趣志向等综合因素，它直接决定着这个人在今后将选择一个什么样的生活。他是讲究生活品质还是省钱就好、毫无要求，甚至有着恶俗的趣味，这些小细节看似无害，很可能是婚姻的潜在杀手。

品行

这是一个比较难考察的概念，因为日久见人心。一次两次难以考察出真正的问题。话虽如此，但并不是说这方面就不考虑了，恰恰相反，从第一次见面就应该把一个人的品行放在重中之重。有的女孩比较轻视这个问题，那将来必有后悔的时候。因为品行这个因素是决定个人行为方向的因素，通俗地说，它直接决定着他将来是否会对你好，是否与你共患难。

$$\begin{bmatrix} \text{知己知彼} \\ \text{——从男人的视角看相亲} \end{bmatrix}$$

女人的外貌

男人好色是始终没有进化的。美女会得到更多的青睐与追求自然不必说，大部分相貌平平的姑娘也不必为此而郁闷。男人虽然好色，但是理智还是并不缺乏的。他们很清楚什么样的女人可以作为结婚对象。所以对于男人来说，女人的外貌在他的可接受范围内，他也是会考虑的。这个可接受范围的界限，一般男人是以自己的外貌为标准的，当然除去那些故意把眼光调高，或者不知道自己几斤几两的男人。

只是如果只在可接受范围左右，他可能没有过多追求的兴趣，但是又觉得可以接受。很多这样的男人会在相亲后表现出对对方不冷不热的态度。

消费问题

钱永远是个敏感的话题，男女朋友因为消费习惯不合而分手的比比皆是。而很长时间以来人们都认为男女经济条件般配主要以收入水平为主。其实消费水平的相当才是真正的核心。赚钱多少是能力问题，花钱多少是习惯问题。而习惯的形成往往在于家庭和个人经历。

家境贫寒的孩子和家底殷实、从小含着金汤匙出生的孩子有着同样的月收入，而消费习惯是完全不同的。像很多农村的大学生进城，从小习惯了节俭的生活，不但要维持自己的生活，还要负担起改善家计的责任。这样的他们和衣食无忧、父母给他们创造了一切的富裕家庭子弟相比，消费习惯肯定是天差地别。

同样的收入，消费层次可能会拉开很大档次，不同消费层次的人在一起不可能没有矛盾。所以凤凰男和城市女孩的爱情、婚姻才会有诸多暗礁。

一般来说，女方消费层次低于男方，男方家庭比女方家庭高一个层次，问题会少很多，一方面男方有能力满足女方物质需要，另外一方面，中产阶级家庭的人计较会少一点。

另外，了解男方的消费习惯，不要让约会成为男方的经济负担也是非常重要的。虽然现在也有ＡＡ制、轮换买单等形式，但是大部分相亲、约会都是男方买单。女方经常犯的错误就是以男方的收入或者自己消费的档次来选消费的场所。当消费大幅度超过了男方的经济能力而形成负担的时候，男方会自然地减少约会的频率。男方买单是双份的，一周要是约会几次算起来负担并不轻。

结婚对象的要求

男人对恋爱对象和结婚对象的要求是不同的，恋爱更注重外在或是感觉，而结婚更注重实际。恋爱是两个人的事，婚姻是两个家庭的事。男人面对婚姻相对比女人慎重，女人很容易为了感情盲目地走进婚姻。而男人可能更多地要考虑这个女人是否适合做妻子。婚后生活的幸福是男人要考虑的。家庭在恋爱中也许不重要，但是对婚姻来说太重要了。男女收入比例的矛盾：对于一个外貌普通的高收入白领来说，按照规则，应该是女方的消费习惯、观念和他一致，男方或者家境好，或者收入高于女方；但是如果女方的收入一般，而男方收入高或者家境好，这时男方对女方的收入和能力没有太多要求，相反也许对外貌和性格挑剔更多。按照经济学边际效益，这种男人在经济上已经足够满足女人的物质要求，对他们来说女人挣1000或者10000并没有太大的差别。而女方如果为工作消耗了太多精力，在照顾家庭和男人上会不如低收入女性。通常这样的女性比低收入女性更加的强势，这就和男人的强势成了针锋相对的局面。种种社会原因造成女性这些优势在择偶方面反倒成了劣势。

女人经济条件越好，可选择的余地就越小。一个外貌普通、经济收入较好的女孩和一个经济收入普通、外貌较好的女孩相比，前者处于绝对劣势。

摆脱剩境
先减压

了解自己真正想要的，避免过于追求完美

剩女们往往是很优秀的，她们自己越优秀对另一半的要求也越高，这样造成选择的范围越来越狭窄。其实剩女应该常常仔细审视自己的要求，真的是所有的要求都那么必须吗？往往她们自己也不知道到底想要什么，只是觉得应该完美而已。了解自己真正想要的东西是非常重要的。剔除大部分不那么重要的要求，你会发现，其实好男人还是很多的。

很多教育过分强调竞争意识，越优秀的人就越容易自我主义，而虚弱的时候容易自卑。剩女在知识、技能、金钱、权力各个方面是优秀的。她们的优秀建立在自己的积极进取上。但随着一个女人各个方面越来越强，自我也就越容易膨胀。自我能促使一个人前进，但也容易导致与他人竞争，她们只能向心仪的强者臣服，所以有自我主义的人往往只能爱强者，爱比她各个方面强的人。

避免为别人而活

女人都会有盲目的虚荣心，攀比男朋友和老公是很平常的事。优秀的剩女们当然不愿意在这件事上输。选择男友是一个更容易让自己保持优越感的机会。因为这种动力的驱使，很多女性会去选择别人称赞的男性。如果男朋友不够优秀，她们就会担心自己会被嘲笑，因而错过很多机会。

爱情不等人

很多剩女曾年轻貌美、条件优越，于是挑挑拣拣。然而岁月不等人，转眼间年龄就大了，或是因为忙于工作、学业，牺牲了自己寻觅爱情的机会。不管是追求工作还是追求爱情，都是为了生活得更加幸福，应该顺其自然，该爱时就爱，该工作时好好工作。

到了一定年龄，一见钟情是非常困难的事情，社会经验多了，眼光自然也就不一样了，更多的是不太满意的约会对象。女人到了一定的年纪后，相亲对象一般会一个不如一个，年龄越大，优秀的漏网之鱼就越少，碰到好男人的概率越来越小。如果你有结婚的打算，应该和你可以接受的对象一起努力去经营你们之间的关系，寻找共同的兴趣点，保持更多的联系。如果两个人性格合适，较多的交往会让一些诸如外貌、经济条件的隔阂淡化一些。其实很多所谓的要求并不是那么有必要。亲人、同事的赞许或者惊异、较好的物质享受、面子问题，这些和后半生的幸福生活相比其实是微不足道的。

相信爱情，对未来有信心

爱情虽然很遥远，但是始终要相信真爱是存在的，终会遇到属于自己的爱情。不要因为受过伤害，而错过了机会。

总有人认为恋爱失败了、受伤了，就不会再有真爱了，或者再也不敢去爱了。女人要学会既爱自己又爱对方，带着欢笑去工作，去面对家人与朋友，不妨也去发现自己的一些问题，改变那些能改变的欲望，或许生活会有新的发现、新的起色。

一个人的生活也可以丰富多彩

很多人信奉婚姻是爱情的升华，本着宁缺毋滥的人生观，那是对别人负责任，当然更是对自己负责任，按照自己心灵深处的渴望和意愿走到底，当了剩女亦能坦然面对。

生活中有很多事情可以做，一个人人也可以过得自得其乐。努力把工作做好，然后是充电，在激烈的竞争中，在单身的日子里，不会让自己饿肚子。小到享受每一个生活的细节，沐浴在明媚的阳光里，读了一个非常喜欢的故事，在某一个陌生的地方遇到旧朋友，看着刚刚绽放的花蕾……其实生活处处都有美好，看一个问题最重要的还是心态。剩女没有什么可怕，可怕的是自己认为自己被剩下了。

$$
\boxed{\begin{array}{c}
\text{分析"剩"因,} \\
\text{解决"剩"果}
\end{array}}
$$

"剩"因——被动消极,懒于应酬

虽然剩女们一直都说自己很想找个好男人,但是却很少采取什么行动。可见,她们并没有真正把找男人当作生活中的头等大事来对待。她们不想主动地去做任何事情,总是拿各种各样的理由来偷懒,比如爱情需要缘分、生活或工作圈子狭小、工作学业忙等等。因为长久以来女性都被教育得要矜持、含蓄,即使爱上了也装作没有,更不用说主动出击去寻找男人了。所以很多女人就在等天上掉下白马王子,结果可想而知,必然是失望。于是很多女人都抱怨根本找不到好男人。其实只不过是她们根本就没有留心看,留心寻找,常常对身边大把的男人视而不见。她们很可能从来不把男同事、供应商、客户等看作男人,就更不用说有自己的社交圈子了,交友是绝对需要精力、时间和金钱投入的。想想每周有多少时间投入给工作,又有多少时间投入给交朋友,这样怎么能找到合适的男人呢?

解决方案——主动出击,扩大交际

第一步首先要擦亮眼睛,学会从每一个角度发现好男人。只要有心,各个地方都可能会遇到好男人,从公司同事、供应商、客户、隔壁公司的员工,到健身房、学习班、旅行游伴。比如在电梯里看到不错的男人,可以叫上一帮同事以联谊的名义去认识他,从交朋友开始做起。积极参加社交活动,不要因为下雨了、有点累了就懒得去等永远有借口原谅自己不行动，最好用的借口当然是"工作忙，加班"。这是一个恶性循环，因为晚上没有约会所以加班，越加班当然也就越没男朋友。

要学会在适当的时候展示自己的单身身份，在轻松的聚会上，大可以在自我介绍的时候透露出自己未婚的信息。这样可以给对你有兴趣的男人一些暗示。给自己机会扩大社交圈，平时尽可能地多培养一些爱好，只要是能认识新人的地方都常去。参加联谊时，切忌躲在一个偏僻的角落，一脸冷酷厌烦的样子，更不能几个女生挤在一起对在场的男人评头论足，这样恐怕再会打扮、再迷人的女性也只能是无功而返了。

"剩"因——依赖父母，心智不成熟

这样的剩女普遍都是乖乖女，学生时代认认真真学习，上班后兢兢业业工作，下班后回到父母那里，只要没结婚，哪怕30岁、35岁、40岁，还跟父母住在一起，永远像长不大的孩子一样，被父母照顾得无微不至。这样的她们很难成长为一个独立的单身女人。父母的温暖会降低不少没有男人的危机感，眼睛里没有寂寞和渴望，常常被男人误读为已婚妇女，只是父母不能陪伴你一辈子。

解决方案——脱离父母，完善心智

一个真正意义上的单身女人，就要从自己独立居住升始。不一定非要买房子，租房或者是跟人合租都可以，只要有属于自己一个人的空间就好。不要为住在父母身边可以省下不小的开支而不愿意搬出去，觉得一个人住浪费钱，因为有些浪费是必须的。你的另一半可能在任何地方，但是绝对不会在你和父母的家里。你跟父母住，到了晚上十点他们就不停地来电催你回家了，更不要

说某个心仪你的男人送你到家门口，可以请他上楼喝一杯甚至一起过夜了。做个成熟的单身女人，在面对现在社会的很多自由、更多选择的时候，要有自己的判断力和决断力，不要再以为父母能指导自己怎么谈恋爱，怎么结婚，怎么过日子。毕竟大家所处的年代差别太大了，他们的建议大部分可能只适用于他们那个年代，对你的帮助非常有限。因为他们那个年代，爱情是个太过奢侈的东西，很多人都只是听说而已，婚姻则是两个人能一起过日子即可，没有别的要求。

"剩"因——条件众多，苛求完美

男人与女人的择偶观点大相径庭，女人因为过于追求完美却往往失去真正适合自己的。

解决方案

了解自己的真正需求，就像有个笑话里说的中间楼层的就已经相当好了，不要再去寻找更完美的，容易满足才会更快乐。

选男人
是个技术活

　　曾经看过一组概率换算的数据，算人的一生有多大的几率能碰到相爱的人。按一个人平均活到80岁计算，大概会认识3000人左右，一生相识的3000人中异性占一半。你一生真心地会爱上几个人，就算你博爱的话十个我想也够了吧。所以在可选择范围内爱上一个人的概率是：10÷1500=0.007。所谓相爱是要你爱他、他也爱你。在可选择范围内两个人相爱的概率是：0.007×0.007=0.000049。

　　上帝创造了男人与女人，就注定让男人和女人结合。女人对爱情有着天生的幻想和憧憬，都在期盼着有个白马王子。但是天下的男人千千万万，品质良莠不齐。女人如果真的傻傻地等着那个对的男人出现，几率恐怕比中彩票还小。

　　所以不要看到别的女人找了个好老公又羡慕又嫉妒，其实人家不只是运气好，因为选男人是个技术活。想掌握这种技术也是挺有难度的。真正的爱情不是天下掉下来的，没有哪种爱情是可以不经努力就能保质保量的。所以聪明的女人会将所有的努力放在婚姻的前期——选男人上。

　　很多女孩子都不知晓选男人的重要性，她们觉着难得遇上个有感觉的男人，当然尽快嫁了要紧。但她们却忘了，感情和婚姻完全是两回事。

　　爱情其实也是一种伤与被伤的过程，没有人在爱情里是一帆风顺的。恋爱往往都是凭着一股冲动和激情，维持时间很短。但婚姻是一种建立和维持新关系的过程，需要长期经营，必须理智地做出选择，尽量少受伤。

你可以和任何人恋爱，有感觉也好，没感觉也好，和谁恋爱都会让你享受到快乐和受虐。但你只能选择一个人去结婚，所以婚姻并不一定是基于爱情上的，或者不只是以爱情不基础。为什么会有很多的女人婚姻失败，因为她们总是误以为婚姻是爱情的延续，结婚发现后爱情和以前不同了，就伤心失望了。

因为婚姻与爱情是不同的东西，它不能算是爱情的简单的延续，而是两个没有血缘的人一起生活，从此成为一个共同体，这不是仅仅有爱情就能够做到的，需要的东西太多了，不光是物质，最重要的还是两个人的匹配程度。

这个匹配不是所谓的男才女貌、门当户对，而是在性格上人生态度的统一和互补。

选择男人的第一条件，应该是支配与被支配。

在两个人的生活里，总会有一个领导者，一个服从者，这并非是说男权女权的问题。事实上只要是有两个生物在一起，就必然要产生主从关系，否则是不能成为一个整体的。如果两个人都想当控制者，这种婚姻就不够稳定，两个人都愿意被控制，这种生活也缺乏前进的动力。所以在选男人之前，要先弄明白，自己是想做支配者还是愿意被支配。了解了自己，就清楚自己需要找个什么性格的男人了。但是切忌不能正确认识自我，很多强势的女人往往会犯这种错误。她本身实际是适合做支配者、领导者的，但是受社会舆论的导向总认为应该找一个比自己强势的男人才能够心满意足，却对适合她的被支配型男人嗤之以鼻。

其次，则要看对方有没有足够的能力让自己生活得更好，也就是财力和生财的能力。当然这条要量力而行，谁不希望自己的老公越成功越好？但是只要差不多就好，毕竟物质在婚姻中的位置并非决定性的。

最后的选择是可不可以让自己"来电"，即异性间的性吸引。这种吸引往往不是那种爱得死去活来的激情，而是一种欣赏和肯定。激情过不了多久就会消退，如果能满足欣赏和肯定这两个条件，在婚姻里的摩擦可以减少一大半，这种异性的吸引也会随着感情的融洽而加深。

这三个基本条件符合后，就可以在一定范围内，按照自己的一些要求继续挑选了。

当然，最关键的一点是，不管爱情还是婚姻，不是一个人的事，互相fkc喜欢是很重要的。这个男人必须要喜欢你，否则生活很难脱离痛苦。婚姻不光是爱情，也不仅仅是搭伙过日子。朋友尚且要找个合得来的，何况相处一辈子的夫妻？

女人选择伴侣的黄金法则

世间的男人成千上万，外貌不同，性格、秉性也各异，每个女人也都有着自己的偏好，但是有些原则是通用的，能够具备这些原则的男人，无论什么样什么性格，都会是一个好丈夫、人生的好伴侣。

抬头挺胸

抬头表示心胸开阔、光明磊落，同时也是一种自信和真诚的表现。心灵狭隘、心藏诡计的男人常常低头走路，似在沉思。

心胸开阔

虽然很多女人看不起斤斤计较的男人，但是斤斤计较却和很多男人分不开。从一定程度上来说，有很多男人的心胸还不如女人。对于这样的男人，女人一定要多加小心。因为这样的男人在一定程度上不能称之为男人。与这样的男人结婚，无疑是飞蛾扑火。

执着认真

人的一生会遇到很多意想不到的困难和曲折，需要一个人有坚强的意志和执着的精神。可是这点在很多女人看来都是必要条件，在很多男人身上却荡然无存。通过观察男人做事或者学习的态度，女人可以就可以断定一个男人的潜质。

交友有方

物以类聚、人以群分。一个优秀的男人周围肯定有一些优秀的朋友。女人在交友的过程中，可以通过观察一个男人的朋友，就可以初步判断这个男人的性格特质，千万不要被男人表面的假象所迷惑。

怜香惜玉

对待女人的态度不仅表现出一个男人的责任心，更表现出一个男人心地的好坏。好男人首先必须是关心女人的男人，是一个尊重和珍惜女人的男人。一个男人如果只对自己心爱的女人好，而对其他女人视而不见、见而不帮，这样的男人是一个很自私的男人。关爱女性是好男人应有的品德。

孝敬父母师长

一个好男人永远知道自己从哪里来，永远会知道感恩。一个不孝敬父母、不尊重师长的男人注定是一个过河拆桥、见异思迁的男人。这种男人就是将心给他，他也不会珍惜。人都有一个发展的过程，需要得到别人的帮助和支持，懂得感恩、懂得回报是做人的起码常识，可是很多男人却做不到这点。

善于学习

现在的社会不是大鱼吃小鱼，而是快鱼吃慢鱼。热爱学习和善于学习已经成为一个人持续发展的必备条件，所以喜欢学习和修炼已经成为男人必备的功课。但实际工作和生活中，很多男人尤其是智商很高的男人总是懒于学习，总是自以为自己很聪明，其实只会昙花一现，绝对不能长久。

善良、乐观

善良是一个人最重要的品质，他只有具备善良的品质后才能讨论其他的问题。人生总是有太多不如意，并非人人都能成功。但是人人都可以幸福，只要有乐观的心态。所以作为要陪伴你走过后半生的伴侣，在你悲观失意的时候可以用他的乐观来感染你。

第九章

透过细节，
寻找潜力股男人

大家都会记得大话西游里紫霞仙子曾经说过的一段话：我的意中人是个盖世英雄，我知道有一天他会在一个万众瞩目的情况下出现，身披金甲圣衣，脚踏七色云彩来娶我。这句话正道出了女人普遍的心声。哪个女人不想自己的心上人是个出色的人？盖世英雄放在现代社会，就是成功人士，也被称为绩优股男人。可是想归想，绩优股男人毕竟数量有限，不可能人人有份。于是聪明的女人更加看重可能会成为绩优股的潜力股男人。那到底怎样才能发现什么样的男人是潜力股呢？那就要仔细观察了，总会有一些细微的地方让你发现哪个男人可能是传说中的潜力股男人。

男人股市
行情分析

都说女人结婚像投资，选择对了就是人生的转折点，所以在挑选男人的时候个个都小心谨慎，拿放大镜观察、寻觅，一定要找一个上好的男人。女人都对未来的伴侣抱有很多幻想：一是要有钱；二是高大英俊；三是爱自己爱得死去活来，海枯石烂。但是从概率学上来说好，符合这三个条件的概率微乎其微。所以还是理性一点儿，对男人详加分析，算好投资和收益的比例再出手。

其实男人和股票有着共通性，也可以分为绩优股、潜力股、垃圾股。前两种男人是女人的机会，一旦确定了一定不要错过，后一种男人哪怕遇上撞上也千万不要爱上，否则苦海无边，想回头也找不着岸。

绩优股男人是已经功成名就的，就算你想买也要付出很大的代价，因为这时候的股价是很高的。"绩优股"男人品学兼优、气宇轩昂、经济实力雄厚、事业如日中天，豪宅名车，标准的坐在金字塔尖的成功男士，但是，谁都喜欢好东西，这样的绩优股男人一直属于非常抢手的"紧俏货"，数量少，想要的人多。而且"绩优股"男人要么高不可攀，要么早已被人占有，所以大多平凡女孩子顶多为"绩优股"感慨一下而已。

而事实证明，很多"绩优股"都是由"潜力股"升值而成的，这是一个升华的过程，这个过程需要女孩子拥有善于发掘的眼光。只有用女性的慧眼，才识别得出男性潜力的本质。除此之外，"潜力股"大多具有鲜明的个性特征，这需要女孩子用心去体察才行。

潜力股男人暂时表现得平平无奇，股价也不高，很容易就可以买进，经过一段时间的持有之后，这只股票有了合适的契机就开始稳固增长，最后成长为绩优股。理智有眼光的女孩往往会选择这种类型的男人，因为投入少，升值空间大，算起来是最划算的。但是判断一个男人是不是潜力股却是非常考验女人的眼光和胸襟的。很多女人拥有了"潜力股"之后，经过了漫长的等待，发现他一直没有什么长进，没有给自己带来什么利润，甚至有时候还会跌一点，再也没心思持股观望了，很轻易地就把他给抛了……那些能一直等待到最后，或者在股票马上就要暴涨的时候买进的那一部分人，才知道他能给自己带来多大的利润。但是如果眼光不准确，把全部身家都押在这只股票上，到头来却发现他原来不过是个伪潜力股，也就是第三种男人，垃圾股男人。

所谓垃圾股男人，一般包括两种，一种是表里如一的垃圾股，一种就是伪潜力股。第一种就不用说了，人家就是垃圾股，选不选全看愿打愿挨。而最需要提防的是那些伪潜力股，他们可能一开始看起来涨势凶猛，这让一直希望买到潜力股的女人欣喜若狂，等到下血本买进之后，股票开始猛跌，直到最后一文不值，就像有些男人虽然表面看起来光鲜，可是等你跟他之后才发现其实他没有一点内涵。

不过这三种男人也不是绝对的，往往会相互转化，绩优股遭遇危机后说不定就变成垃圾股，潜力股一努力就变成了绩优股，不努力就变成垃圾股，垃圾股努力拼搏保不齐也能变成绩优股。所以，女孩子在婚前选择另一半要慎之又慎，三思而后行。男人股市有风险，入市需谨慎，别一心奔着绩优股而去，最后却选了一只垃圾股，而那时又错过了潜力股，就悔之晚矣！

潜力股男人 的特点

有责任感

潜力股男人，天生就有一股让他为生命中的人生活得更好而努力的责任。他把让自己的家人都过得幸福作为自己的梦想和动力。这样的男人无疑是有强烈责任感的男人，责任感会产生一种动力，推动他闯过种种难关。有责任感的男人不可能一辈子平庸的。更为难得的是，他不会一心扑在事业上，他会经常陪家人享受生活，创造更多的精神财富。为家人的幸福而奋斗的男人，想不成功都难。

旺盛的企图心，懂得把握机遇

潜力股男人也许看似平淡，但他的内存大，他懂得积累一点一滴地充实自己，不断地吸收新的氧料，厚积薄发，以加快提升自我的步伐。即使暂时没有成功，潜力股男人也不会甘心一辈子居于人下，他们总会积极地寻找另外的出口，并不断磨练自己，积累各种经验，等待下一次机会的到来。旺盛的企图心是成功的动力。有了企图心，就有了努力的方向与目标，就能加速成功。看一个男人是不是潜力股男人，要看他对自己的未来是不是有明确的目标和清晰的计划，比如半年计划，一年计划，三年计划……一个人没有企图心，等于没有方向感、没有目标和计划，也就没有希望！

有爆发力，富有挑战精神

潜力股男人，是一张拉开的弓，沉稳、平静、蓄势，等待的是挑战和征服。一让他们逮住机会，就会孤注一掷，努力寻找成功的支点。这样的男人，时刻有一份不断磨砺的激情。

务实

并不是所有的男人都可以成为"潜力股"。要成为潜力股男人实质上也是需要潜质的。潜力股的男人从来都不是浮夸的男人，他们懂得脚踏实地地奋斗，给人一种实实在在的安定感，潜意识里是让人觉得可以托付终生的。动辄就对自己的未来侃侃而谈、夸耀自己有宏图大展的男人，往往都是说说而已，他们很少能够实现自己的理想。而真正成就一番事业的男人不会整天将理想挂在嘴边。

自信，有魅力

自信是成功的基础，他如果总是认为自己做不到，那他肯定很难取得成功。因为他没有自信，自信才是成功的基石。个人魅力对一个人的影响力很大。一个人的外在仪表、谈吐、肢体语言及内在的修养、丰富的知识、乐观的心境等，都是展现个人魅力的关键因素。一个有魅力的男人，就像一个磁场，将更容易成功。

良好的人际关系

在现代社会，尤其是现阶段的中国，良好的人际关系是一个人成功的一个必备条件。潜力股男人一定拥有营造和谐人际关系的能力，他充满活力，待人真诚，走到哪里都能带来一片欢笑，大部分人都会喜欢和他做朋友，愿意和他交往、合作。

充满好奇心

想成为具有潜质的男人，不仅要充满自信，更要充满好奇心，对周围的一切都希望能了解。好奇是人类进步的原动力，是一种创造力，也是一种推动力。有了好奇心才会发现更多的机会，才想进行更多的尝试，也才能积累更多的知识和经验，而这种行为正是成功的主因之一。

健康的身体和精神

身体健康是人真正的资本。身体健康的人，才有心思有能力去规划、实现自己的未来，才能够去努力拼搏。没有健康的身体，一切理想、梦想都将落空。而健康的精神也是不能忽视的，积极、阳光的心态可以让他从容地面对挑战和挫折。

坚强的毅力

有毅力的人做任何事都可以坚持到底，不会五分钟热度，不会半途而废。或许学历、能力、财力等条件都不如人，但只要有坚强的毅力，不怕困难、挫折、打击，始终把理想坚持到底，就可以成功。像那些伟大的科学家和成功的商人一样，毅力才能让他面对失败，重新开始。

善于借鉴

潜力股男人还有个最大的优点就是知道如何利用别人的主意来赚钱。这也是赚钱的真正秘诀——利用别人创造性的思想，并且把它们运用到实际中去。这样的男人往往有着很强的洞察力，他们会观察别人，知道如何通过与别人打交道来获得他们所需要的东西，也知道别人对他们的反应如何。

敏锐的洞察力

有足够锐利的眼睛，能够洞察人、事、物。在现在瞬息万变的社会，机会可能转瞬即逝，有了敏锐的洞察力才能过发现机会，抓住机会。善于发现别人没有留意的，才能够在激烈的竞争中站稳脚跟，才能够在对手面前先发制人。

抓住潜力股男人的
成功案例

红拂女夜奔李靖

红拂是隋炀帝的宰相杨素身边的一名歌妓。据说红拂在杨府并没有名字，只因她每天捧着一柄红色的拂尘站在主人身边，久而久之，大家便唤她"红拂"。这位杨素是前朝的托孤重臣，可谓权倾一时。按照现在的说法，那是标准的绩优股男人。

按理说自家的歌妓给主子当小妾已经是天大的福气了，像贾宝玉身边的丫头的最高梦想不都是这样吗？可人家红拂偏偏眼光独到，没有千方百计地勾引杨素，却对只有一面之缘、当时还是一介布衣的小伙子李靖产生了浓厚的兴趣。李靖怀揣年轻人常有的梦想来首都长安碰运气，大概听说宰相杨素那里招贤纳士，就跑过来应聘。可没想到站在杨素身边的这位红拂姑娘却"慧眼识英雄"，对李靖是越看越顺眼。当晚，红拂就神不知鬼不觉地一个人跑到李靖住的出租屋，向他大胆示爱！俗话说得好，男追女隔座山，女追男隔层纱，何况又是一位能歌善舞的漂亮姑娘，接下来的故事不用我说大家全都猜到了，两人连夜私奔。红拂选的这只潜力股不仅胸怀大志且有情有义，最后跟着唐太宗李世民打天下成了开国元勋。红拂从此成了最有眼光的投资者的代言人。

聊斋青梅

青梅是一个狐仙美女和书生的私生女，长得跟她的狐仙妈妈一样美丽动人。被堂叔卖到一个官宦人家，当这家女儿阿喜的侍女。青梅有一天偶然见到借住在府里的张秀才，他是个又有才华又孝顺的人，青梅觉得这个年轻人将来一定能够有一番作为。青梅跟小姐情同姐妹，希望小姐能嫁给张生，就给他们牵起线来。但是阿喜的进士老爹看不起这个书生，坚决不同意。阿喜也不愿意私奔。于是青梅只好把这个好事自己揽下来，在小姐阿喜的帮助下嫁给了张秀才。果然若干年后，张秀才考中了进士，一路升迁，青梅成了诰命夫人。而阿喜小姐却因为父母病故，只能流落到尼姑庵，还差点遭到小混混调戏，最后幸好被青梅救了下来。要是阿喜当年有青梅的眼光，相信张秀才确实是个潜力股男人，她也不至于落得如此凄凉的境地。

选择潜力股男的的关键就是着眼未来，不以当下的成败论英雄，不被表面现象所诱惑。外表、长相、身高之类，纯粹是审美意义上的判断，就像股票的名字，好不好听无关紧要。至于他现在从事何种职业，居于什么样的位置，也仅仅是参考，重要的是才识、胆量、野心之类，这些才是衡量一个人、一个绩优股男人能否在未来的某个时间点一路飙升的重要指标。

值得一提的是，"潜力股"一般都喜欢被关注与欣赏，这是他前进的动力，好比孔雀喜欢开屏展示自我一样，以此获得女孩子的青睐与呵护。所以，像一所好学校一样的女孩子，最是深谙此理，她们可以轻易地培养出优秀的"绩优股"，她们是明智的，因为这个"潜力股"一旦升值，属于她的幸福也就如约而至了。

当然，等待"潜力股"成长为"绩优股"是个漫长的过程，如果你的耐心不是太足，一不小心把很有潜力值的"潜力股"清仓处理了，那么你也就只能等着收获悔恨了。最后需要坚信一点的就是，幸福是可以创造的，只要你选择的是正宗的"潜力股"，那么收获"绩优股"的日子也就不远了。

对一个女人来讲，嫁人是一辈子的大事，如同第二次投胎，实在是马虎不得。宁愿多等一年，也不能凑凑合合把自己打发给一个垃圾股男人。不要被诱惑迷住了双眼，要有自己的主见，选择一个具有成功潜质的男人，嫁给他，你就能改变自己的命运。

学习如何发现
一个男人是潜力股

阿里巴巴的大名几乎无人不知，掌门人马云是一介普通教师出身，到现在成为著名的企业总裁，他可以说是一个顺利成长为绩优股的潜力股，他的妻子张瑛是如何发现又如何持有他的呢？

马云和妻子张瑛是大学同学，当年张瑛在杭师院的英语系是系花级的人物。马云却其貌不扬，平淡无奇。

然而就是这个系花在大学时代就独具慧眼，拒绝了众多追求者，却看上了马云这个普通男生，唯有她发现他身上有着常人所没有的潜能，他自立、勤奋，而且有股韧劲。于是，他们开始交往，她照顾他、关心他、陪伴他，后来还和他共同创业，为他放弃工作，不计一切地支持着他。

张瑛看到的是一个与众不同的马云。他做过许多特别的事，这也正是她相信他有潜力的原因，他组建了杭州第一个英语角，为外国游客担任导游赚外快、四处接课做兼职，同时还是杭州十大杰出青年教师。

本来做个大学老师已经是份很好的工作了，收入不错，工作稳定。然而他忽然就辞职了，说要做自己的事业，然后就在杭州开了一家叫海博的翻译社。翻译社一个月的利润200块钱，但房租就得700块钱。为了维持下去，马云背着麻袋去义乌、广州进货，贩卖鲜花、礼品、服装，做了3年的小商小贩，养了翻译社3年，这才撑了下来。后来他又做过《中国黄页》，结果被人当骗子轰。再后来他又找了16个人集资，创立了阿里巴巴。还把那时仍在大学当老师的妻子也拉下水，当他们不要工资的秘书、后勤、厨师。终于阿里巴巴成功了，马云的事业也突飞猛进。张瑛成为了阿里巴巴中国事业部的总经理。

正当他们的事业正春风得意的时候，他们的儿子因为父母长期专注事业，成绩下降，迷上了电子游戏。张瑛为了儿子的教育问题辞职做了全职太太。因为此时的家里比公司更需要她。在张瑛的努力下，儿子不再沉迷游戏，成绩也提高了很多。马云才松了一口气，家庭这个大后方的稳定对他来讲太重要了。

在马云没有显露锋芒时，张瑛看到了他潜藏的优秀，在他拼搏奋斗时，张瑛一直支持他，没有因为他的"不务正业"而不相信他，在他的事业需要她的时候，她辞职鼎力支持，在他事业成功之后，她又回归家庭，做他大后方的稳定剂。

马云这个潜力股就是在张瑛的鼓励、支持下成长为真正的绩优股。眼光、信任、支持、牺牲，这些特质缺一不可。做真正的潜力股不容易，做潜力股的妻子则更难，不过在他成长为绩优股之后，这些困难都变得不重要了，一切都是值得的。

潜力股VS绩优股，向左还是向右

关于选择潜力股男人还是绩优股男人哪个更划算的问题，在女人中间争论多年，各有各的说法。有人说绩优股起点高，收益稳定，让女人的虚荣心立刻就能得到无比的满足。有人说潜力股好，买入价格低，数量远多于绩优股，且相对绩优股更安全可靠。这些听起来都有道理。

选择绩优股的女人代表——苏三、杨贵妃

著名京剧《玉堂春》里的苏三可谓是家喻户晓，她因为父母双亡被拐卖到妓院，改名为苏三，"玉堂春"是她的花名，苏三天生丽质，琴棋书画样样精通。官宦子弟王景隆相遇苏三，一见钟情并立下山盟海誓。在那里不到一年，王景隆因为床头金尽，被老鸨赶了出去。

老鸨却偷偷把苏三卖人为妾，结果却被原配和奸夫陷害杀人，并以一千两银子行贿，知县贪赃枉法，对苏三严刑逼供，屈忍画押，被判死刑。此时的王景隆已经考中进士，成了山西巡按，暗中寻访苏三，才知道苏三的冤情，于是在他的努力下，真正的罪犯伏法，贪官知县被撤职查办，苏三无罪，与王景隆终成眷属。

杨贵妃这个著名的大美女，选择了当时最具绩优股的男人——皇帝。这个男人看似对她无比疼爱，吃穿用度给她最好的，甚至连兄弟姐妹一家都鸡犬升天，她也乐在其中，享受这种风光，然而她只看到绩优股的优势，却没看到隐患。站得越高，摔得越疼，当这个男人面对灾难的时候却选择牺牲她，一代美女却只能落得香消玉殒的下场。

选择潜力股老公的女人代表——秦香莲、大脚马皇后

秦香莲的故事就不用说了，地球人都知道，她含辛茹苦地照顾公婆，伺候老公，谁知道陈世美考中状元、当了驸马，还要派人杀掉自己。虽然这个负心汉最后被包大人铡了，但是这个女人的苦命生活也改变不了了。

朱元璋的马皇后，也是选择了一个潜力股男人。朱元璋年轻时可不是一般的平庸，简直是凄惨至极，当过和尚，做过乞丐。农民起义军元帅郭子兴的义女马秀英好歹也算是个大家闺秀了，却心甘情愿地嫁给了朱元璋。为了给被关起来的朱元璋送吃的，被偷偷揣在怀里的热饼烫伤了胸脯。在朱元璋平定天下、创建帝业的岁月里，马秀英和他患难与共。于是朱元璋当了皇帝后，对马皇后一直非常尊重和感激，他天不怕地不怕，就怕皇后马娘娘，生怕马秀英不高兴。虽然马皇后生的是一双大脚，这在过去算是很丑的女人，但朱元璋一直视之如贤妻。马皇后病了，他是日夜陪在她身边照顾，亲自喂药给她喝。在那个时代，一国之君能这样对自己的妻子，实在是很难得了。

四个女人，各自不同的选择，各自不同的结局。其实无论是选择绩优股还是潜力股，未来都有着无限的可能，谁也不能保证自己的选择一定正确，有些甚至有着很大的偶然性。其实不管是哪种，只有本性善良，真正地爱护你，这就足够了，是绩优股还是潜力股都无所谓，没有什么好坏高下之分。

选择潜力股男人应该注意什么

就像选股票一样，选择潜力股的关键是着眼于未来的理想走势和发展方向，而不能以当下的成败论英雄。男人的外表和身高不需要看得太重，学历、职位、家世也仅仅是参考，而才能、胆量、个性等才是衡量他能否在未来的某个时间一路飙升的重要指标。

所以，暂时口袋空空的男人可以考虑，但脑袋空空的男人决不能考虑。真正睿智的女孩，不会只注意眼前的表象，而是花更多的时间和精力去了解男孩未来的发展潜力。还有很多女孩，在男人还是平平之辈的时候，她们用敏锐的目光发现了他的不一般之处。待男人功成名就之时，她也被男人记上了一功。

所以，不要担心你看上的人暂时没有高收益，害怕你们今后的日子不好过。只要他有目标，有能力，就一定会有未来。一旦哪天他的才能得到充分发挥，事业就会蒸蒸日上，收入也会稳步增长。那时，两人的感情也更具沉淀感，与这样的男人生活在一起，会让人有安全感、幸福感和满足感。

选择男友应该选择有发展潜力的男人。而选择这样的男人又有三个因素是必须要考虑的：

1. 心底善良，秉性忠厚

恋爱结婚时，谁都会承诺，会爱对方一生一世，然而无法否认的是变数太多了。你要选的潜力股男人必须在本质上忠厚善良，对你是深爱的。否则，就算他"升值"了，你不过是他的过渡或者垫脚石而已。

菲儿的男友原来是没有工作的，在同居的时候他一直对菲儿承诺，以后一定要让她过上好日子，现在自己要努力积蓄力量，所以天真的菲儿就相信了他，不但自己拼命工作养着他，还一回到家就大包大揽地把家务全包了下来，为的是让他能够专心学习。

朋友看不过去，忍不住说她："你男友闲着在家，为什么不做饭啊？"

她的解释是："他学习任务繁重，又要考律师证，又在攻读网络远程MBA。"

菲儿的男友终于等来了机会，找到了一份好工作。菲儿正高兴的时候，却收到他发来的邮件，要求分手。此时菲儿才知道，男友在攻读MBA的时候，认识了一位漂亮的女同学，自己不过是给别人做了嫁衣。他拿菲儿的钱给那个女人当生活费。现在，他打算和她结婚了，于是就和菲儿说"拜拜"了。

菲儿的男友虽然在能力上比较有潜力，但他却是一个本性自私凉薄的人，所以，男人的本性应该是第一重要的。你错选了本性差的，即使他再有潜力，等他一旦成了绩优股，也就是你痛苦的开始。

2. 辨别他是不是伪潜力股

丽丽一直认为自己的男友是个有能力的人，因为他话语间总是给人一种理想远大、才华横溢的感觉，经常向丽丽描述自己要如何如何。

但是接触得多了，丽丽感觉他似乎有些浮，想做大事，却没有自己明确的目标。有一次看到朋友做粮油生意赚了不少钱，他觉得这是个机会，便要和另一个朋友一起做，说两人合伙。

但是他没有资金，就跑去找丽丽借钱，他把生意的前景描绘得一片光明，丝毫没有考虑会不会没有收益，甚至一些繁杂的事情他根本就没有考虑过，自己觉得这是一本万利的生意，稳赚不赔。在丽丽的追问下，发现他对这行几乎一窍不通。丽丽觉得他的做法太冒险了，不愿意给他钱，让他从头做起去了解这个行业的情形，比如给别人打工，边做边学。毕竟十万对她来说不是一个小数目，她不愿意随便就拿来交学费。

当时丽丽的男友却不理解，说丽丽目光短浅，看不清时势。此时丽丽却看清了他空有远大志向，没有真正的能力和相应的聪明头脑，更没有实干精神。后来丽丽的男友筹到了钱做起了生意，结果很快他们的生意本钱就赔得一干二净，丽丽也庆幸自己及早看清了他。

伪潜力股的特点是有着远大志向，看不起按部就班的奋斗，总梦想一步登天，认为赚钱是一件很容易的事，只看到眼前的收益看不到潜在的损失，就更不用说如何应对损失和失败了。伪潜力股的危害极大，可能让你赔光一切，身体、爱情、金钱、未来，所以一定要警惕。

3. 长期持有

小楠和男友是大学同学，他们毕业后一起来到北京奋斗，然而这里的生活、竞争的残酷远比他们想象的要复杂。

男友从打工开始，一直很努力，也一度小有成绩，创办了一个小公司，本来小楠以为苦尽甘来了，公司却因为被骗而倒闭了，两个人也欠了不少债。小楠是个漂亮的女孩，她渴望舒适的生活，她很爱男友，也知道他是个潜力股，相信他会有一番作为的。然而这些磨难让她彻底失去了信心。

她不想再这样下去，就当了一个有钱人的二奶，拿自己的青春美貌换取舒适的生活。可惜几年后，她就被厌倦了她的男人抛弃了。

而此时小楠的男友因为她离去的刺激，发誓一定要干出一番名堂，几经努力，现在已是资产近千万的实业公司的董事长了。小楠再次见到男友时，忍不住流泪了，她明知道男友有能力、有魄力，只是时机未到，自己没有毅力长期持有他这种潜力股，才内心波动抛弃了他，他现在成为了绩优股，自己悔之晚矣。

同样是潜力股，升值的周期差距很大，可能是一年也可能是十年，因为影响他发展的因素太多了。要相信自己的眼光，知道他的能力，长期占有他，早晚都会升值。

警惕"虚假"
潜力股

虽然潜力股男人是很值得投资的，回报收益是很大的，但是这年头假货泛滥成灾，潜力股男人也有真假之分，为了避免赔光自己的本钱，还是要分辨出什么样的潜力股是假的，亏损的可能性大的，一概不能投资购入。

第一种：眼高手低，徒具野心

有的人看起来志向远大，成天说自己要如何如何，但是从来是只见到他憧憬未来，却从来没看到他做出什么努力过。

第二种：空有才华，毫无责任感

这类人有不错的能力，但是他总觉得公司没有给他空间，大材小用了，于是跳槽便成了家常便饭，丝毫不顾及公司的利益，对责任感没有概念。

第三种：愤世嫉俗、孤芳自赏

他们大多谈吐不俗，有着一定的才华。但是往往因自视甚高而不愿意低下头来，也不擅长营造人际关系，总觉得自己没有成功是没有机会，是社会不公，否则自己一定也是一个成功者。

第四种：中伤、打压自己的竞争者

这类人是道德有问题，品行太差，正所谓得人心者得天下。靠打压别人上位的人不可能长久，他很难取得真正的成功。

第五种：心理承受能力弱

这类人总是忙忙碌碌，却在公司的位置与整个人生的金字塔结构中，长期处于底层。他们本来确实是"潜力股"，有成功的基础，也有成就事业的理想，却因为没有毅力、不懂坚持而中途放弃了成为"绩优股"的机会。

第十章

抓住细节，
如何保住
绩优股男人

嫁给绩优股男人是女人的梦想，哪个女人不想有个出色的老公拿来炫耀？所以拥有绩优股男人的女人自然是有着十足的优越感，但是在得意中也要保持清醒，要知道可能有不少女人磨刀霍霍地准备向你的绩优股男人下手。保住绩优股男人，更是女人必须修炼的本领。要全方位地织一张大网，把他牢牢套住，当然成功与否就看你是不是能把握好这其中的细节了。

什么是 绩优股男人

定义

在股市中，绩优股是过去几年里收益良好，未来依然可持续增长，派发很优厚的股息的股票。所属行业远景尚佳，投资回报率相当的丰厚。通常这类股票很受投资者的青睐，是股市的中流砥柱。

套用在男人身上，通常意义上所谓的绩优股男人就是现在已经功成名就，事业在正常可见的未来中依然保持稳定或增长的男人，也就是通常所说的成功人士。

特点

积极创造人生，善于适应环境，有良好的人际关系。有着成功赋予他们的自信和魅力。

具有一定的财富，一定的社会地位。他们有着自己经营多年的事业，并为事业的发展继续做着努力。

懂得工作和生活的平衡、事业和家庭的平衡、外界和自我的平衡。懂得把握平衡原则的人不管在多么紧张的情况下，都知道该怎样调节自己的生活节奏，怎么体味生活中的情调和趣味，保持一种从容的心态和风度。在事业成功几乎成为衡量男人唯一标准的今天，失衡的生活就像漂亮的塑料盆景，外表的风景再美，也掩盖不了背面的粗糙。

男人不可避免地受到竞争所带来的压力，同时也更容易受到一些心理问题方面的困扰。但是他们会调整好心态，重新面对竞争和压力，懂得自我宣泄。风度是男人与生俱来的一种气质，男人的风度不仅仅表现出他的果敢与坚决，更表现他谦虚与忍让的智慧。

绩优股养成后
不能掉以轻心

女人总把老公当作自己的终身事业，结婚前千挑万选，找不到绩优股就嫁潜力股。结婚后便一直期待、陪伴潜力股男人成长，终于在若干年后，他成长为绩优股了，女人也自豪于自己的眼光，觉得自己的辛苦和坚持没有白费，他现在终于事业有成了，自己可以松口气，舒舒服服地享受生活了。

很多女人把老公成功当作自己努力的终点，其实是大错特错了，这不过是万里长征的第一步而已，以后的路还很漫长。

为什么很多夫妻要么联手打天下，要么丈夫奋斗，妻子做他的万能后盾，一路摸爬滚打，终于事业有了起色，却往往会出现婚姻危机、感情危机？为什么夫妻可以共苦，却不能同甘？

不能同甘的原因大都是因为男人变心，或是想家里红旗不倒外面彩旗飘飘，或是想要抛弃发妻，另娶年轻漂亮的狐狸精。这让妻子都不能接受，为什么自己辛辛苦苦和丈夫打下来的江山，却被别的女人坐享其成？更伤心的是，那个当年和自己山盟海誓，同床共枕多年的男人竟然如此不顾念旧情。女人往往开始怨天尤人，怪男人薄情，怪狐狸精可恨。

虽然有些负心汉确实无情，但是大部分男人只是一个正常的男人，不是花心无度，也不是坐怀不乱的柳下惠。这样的男人成功后，如果抛弃女人，恐怕女人的策略性失误的责任也不小。

因为这样的女人只是在恋爱时期经营爱情，结婚之后就忙着督促和辅助丈夫奋斗拼搏，抚养教育孩子，哪有心思经营爱情？走进了婚姻之后，爱情只取不存，过不了多久就会被支取成了负数。

等到自己的老公终于功成名就了，孩子也不用太费心照顾了，女人就更加放松了，觉得自己已经完全胜利，并开始享受胜利果实。可是此时的男人却跟女人的心思和想法完全不一样。

他认为自己辛辛苦苦奋斗、努力了这么长时间，终于在物质方面满足了，可是精神方面却无比空虚。别以为男人不需要爱情，其实男人对家庭对感情的依赖有时候比女人还严重。可是面对着日益苍老、不修边幅又把整个心思都放在孩子或是家庭上，完全变成了一个单一母亲角色的妻子，自己已经提不起爱的感觉，而当年恋爱时的那份爱情早被透支光了。

此时他们恰好又能吸引到可以给他们爱情的年轻女人。为此，寻找新的爱情就成了他们慰劳自己以前辛苦奋斗的最好礼物。女人们看到这里也许会很心寒，会想：如果这样我们嫁人还有什么意义？其实冰冻三尺非一日之寒，他出轨不是一两天内偶然冒出的想法。认真反思一下，自己有没有下面的情形，如果有一定努力改变。

1. 在日子好过之后，你是否还像当初创业时那样，一心扑在工作上，而忽略了他的感情需求。要知道，男人娶的是妻子，而不仅仅是事业伙伴。

2. 刚好相反，在日子略好之后，你是否像功臣一样，觉得自己可以安心享受，而对他在事业打拼过程中所承受的压力不管不顾。还是那句，男人娶的是妻子，而不是只会理直气壮地花他钱的"二奶"。

3. 有没有居功自傲，动不动就把"我跟他的时候，他不过是个穷小子"之类的话挂在嘴边。这样的话不仅没什么意义，还伤感情，伤男人的自尊。就算你在他成功的道路上付出的比他还多，就算你真的是他成功人生的关键人物，但你总是以此作为口头禅来提醒他当初多么落魄，只能让他对你曾经的感恩和感情渐渐淡漠，说不定最后变成了反感。

对于爱情，对于男人，女人从一开始就应该明白，你和他在一起，主要是因为感情，而不是因为他将来可能成功。你们的爱情和生活是一个整体，是需要一辈子经营下去的。不是只要走进婚姻，爱情就不必理会了，更不是你们共患难共创造并取得成就之后，两人的关系已经坚如磐石，你可以一劳永逸，再也无需打理。别忘了，就算是一条公路，也需要人经常养护。

别抱怨男人负心，也别痛恨狐狸精的无孔不入，认真经营两个人之间的感情才是真正的长久之计。万里之行始于脚下，从现在就开始吧。

$$\left[\ \begin{array}{c} 绩优股男人 \\ 妻子守则 \end{array}\ \right]$$

1. 有机会常陪他参加应酬或公司活动，尤其是他希望你参加的，最好不要拒绝，不光能体现你的识大体，更能证明你们夫妻恩爱，让觊觎你家优质男人的女人们知难而退。

当然这个机会更是展现你个人魅力的时候。因为平常忙碌的他可能没有太多的心思关注你，即使你美若天仙，他也很可能会视而不见。这恰恰是个好机会，在社交场合展现你的风采，让他有机会重新审视你，发现你的魅力。不管你是不是漂亮，至少要举止端庄，衣着优雅、符合你的身份和年龄。找个造型师好好为自己设计一下，让他有耳目一新的感觉。

一个成功的男人有些场合是需要他的妻子来帮他来支撑场面的。即使你交际方面比较迟钝，学不会做吸引全场目光的魅力女人，也要记得带着优雅的微笑依偎在他身边，让人感觉到你是人人羡慕的幸福女人。

2. 即使他身边可能美女如云，即使你觉得自己已经不再青春美貌，但要有足够的自信和对他充分的信任。你好奇的追问与监视会令他感觉不被信任，甚至窒息。男人的逆反心理很强，大部分男人如果你信任他，他也会相应的回报你，即使不能，内疚感也可以让他对自己的行为有所顾虑。而如果你整天疑神疑鬼，担心他跟女下属是不是交往过密，是不是应酬的时候借机会寻花问柳。不管他是不是有这种情况，他都有可能在逆反心理的作用下把你的疑惑变成事实。

在他有异常举动的时候，一定死死地管好自己的好奇心，不要追问更不要去打探，给自己留下一些余地。不要把彼此都逼得没有退路，这样你会后悔自己的好奇。有些事情是难得糊涂的。要经常反思自己，修正自己，提高自己，静观其变，而不是学福尔摩斯找机会挖出他的不轨行为的证据，这样最终只会将夫妻关系搞糟。

3. 爱情需要经营，男人也是人，即使他现在像是一个工作狂，在他心灵的某个角落也会有着爱情的痕迹。所以适当的帮他回味一下两个人当年恋爱时的情形，有助于刺激他潜在的柔情。

可以在他心情不错又有空闲的时候，谈谈恋爱时的趣事，回忆一下恋爱时的美好时光，甚至翻出当年恋爱时的情书、礼物什么的都可以，主要是营造一种怀旧温馨的气息。

"我再也不会遇到比你更适合我的男人了。"男人喜欢被女人肯定和夸赞，这证明他是完美的，他也会因此会感念过去的美好，坚定不移地与你一直走下去。

抱怨是最没有效果也是最伤害感情的，没有一个男人喜欢听女人的唠叨和抱怨。千万不要拿当时的他与现在的他做对比，以说明现在的他不再爱你或不把你放在心上。这样也给了他一种不良的心理暗示，他也许会从只是忽略变成真的不再爱你了。

4. 永远保持爱美的心，在男人心目中，希望女人总是美丽的。也许他口头上总是说你很好、不胖之类的话。女人自己心里也应该有个尺度。虽然自己已经嫁做人妇，相夫教子是主要的任务，但是不要忽略自己。肥胖代表的不仅仅是不健康的生活方式，更是一种放任自流、不进取的生活态度，不要让自己变成黄脸婆，保持身材是第一步。

不要总拿自己跟20岁的小女生比，毕竟你已经不是那个年纪了。很少有人觉得一个结婚多年的女人，整天穿着粉嫩连衣裙、摆出一副卡哇伊的表情就会年轻可爱了。女人要正视自己的年龄，自信于每个年龄段都有自己的美，优雅地变老。自信的女人总是美丽的，时光虽然会带走青春，也会带来风韵和气质。

5. 他的家人和朋友是你们婚姻的保险。对他的家人和朋友一定要尽可能的好，不要总觉得为他的家人付出很委屈，其实这正是一本万利的事。男人对家人和朋友是非常重视的。如果你能让他的父母、兄弟姐妹个个把你当亲人，他的朋友和你相处得比他还熟稔，那你就成功了。这样无异于给他身边埋满你的眼线和定时炸弹。一个能够与他的朋友、家人相处甚欢的女人，在丈夫眼里绝对魅力无穷。退一步讲，他与你闹翻就意味着众叛亲离，一般男人都不愿意冒这样的险。

做一个绩优股女人，让绩优股的他为你骄傲

绩优股男人既是稀缺资源又是宝贵资源，谁都想要，却只有小部分人能拥有，自然就很容易造成供需矛盾，众多强悍的女人都瞄准了这些绩优股男人，让正持有绩优股男人的女人人人自危。

狐狸精的招数千奇百怪，防不胜防，那怎么办？难道就眼睁睁看着这些女人对着自家老公流口水，施展狐媚伎俩不管？管又实在无法下手，这是每个绩优股男人的妻子都头疼的问题。为了不让你的优质男人离开你，你当然可以制定一系列具体战术，比如跟踪追击、每天检查内裤、搜光他口袋里每一两银子、做全面整容等等。具体的方针无对错，每一项都会有暂时的效用，但是后果就很难预料了。

既然防不胜防，不如干脆就别防，与其把自己折磨得如此累，甚至可能在老公保卫战中不小心把本来无心风流的老公推出去，就得不偿失了。说得潇洒，做起来难，但是女人也不可以只盯着男人，世界很大，可以关注的东西很多。每个人都会有自己的一些梦想，既然自己现在有时间、有资本，何不尝试拾起自己的梦想？女人也可以有一些作为的，何况自己有着那么好的靠山和基础。梦想可以让人振奋，实现梦想的过程更是激动人心。做一个绩优股女人，有什么不好？

有所寄托，又有所得，整个人会像新生一样，无疑实现了自己梦想的女人是优秀而自信的。自信能给男人带来魅力，也可以给女人带来美丽。此时又

有了疑问，不是说成功男人不喜欢有事业心的女人吗？如果自己一心扑在梦想的事业上，不是更丧失了男人的爱了吗？

其实仔细想来，绩优股女人是由绩优股和女人两个部分组成的，做绩优股并不意味着放弃做女人，反而要加强自己女人的一面。

女人首先是独立的，然后才是可爱的。试想一下，自己的妻子在外面风光无限，优秀独立，事业上可以与自己比肩，在自己面前却是娇柔可爱的小女人，这个优秀的女人只为自己温柔，只会在自己面前显出恋恋不舍，哪个男人能不喜欢这种感觉，不喜欢这样可以无限满足他的虚荣心和成就感的女人？

世界那么大，你拥有的却只是一个男人大小的那片天，而这个男人说不定什么时候就变成了乌云。如今的时代，爱情讲究的是共同进步。一个优秀男人身边的女人如果只懂看肥皂剧、去美容院美容、做几样小菜，对老公的工作一无所知，甚至与老公的交流除了家长里短毫无新意，再痴情的老公，只要他是正常男人，都难免会有蠢蠢欲动的想法。

时代已经走过了女人奉献即是美德的时期。家政服务行业已经异常发达，三口之家的家务活似乎也不似过去大家庭那般繁重，你完全有很多时间来提高自己，想想他成长了那么多，自己却在原地踏步，越来越远的距离怎么能不让感情产生裂痕？

既然别的女人能做到婚后依旧美丽动人，依旧不断进步，那么你也可以做到，在爱情中，先己后人方为王道。你自私一点，他便会无私一点，你对他放松一点，他便会对你紧张一点。即使抓不住他，至少也为了自己先独立，女人独立没什么不好，至少有资本不怕男人离去。

怎么守护
绩优股男人

　　绩优股男人是限量版，人人都想要，但是数量有限。如果你有幸抢到手一个，那么恭喜你，但是要做好充分的心理准备，这不过是一个小胜利，以后要做的还很多。别忘了，垂涎限量版男人的女人很多，说不定你一个不小心，他就被人抢走了。所以拥有了绩优股，守护好他是个更加重要且更加艰巨的任务。

照顾好自己

　　绩优股男人自然会花大部分精力在事业，所以既然选择了绩优股男人，必然要全力支持他的事业，这就意味着也许大部分时间他都需要忙碌在工作上，没有时间也没有精力陪你谈情说爱。可能大部分时间你都要自己度过，所以这时候你要学会照顾好自己，也照顾好他的生活，让他的生活能够全无后顾之忧，全身心地投入工作。不要独自感伤他没有时间陪你，更不要跟他抱怨甚至吵架，因为天下没有免费的午餐，你既然想拥有绩优股，就要付出一定的代价。

为他挡住外界的压力

　　一个绩优股男人，随着他事业的成功，面临的压力也必然越来越大。不管是他在工作、事业中有种种挫折，还是他与父母、朋友之间的关系不和谐，这些种种的问题和压力，你都要细心了解，不一定要帮他化解，因为他自己也许能够很好地处理，只需要你温柔地宽慰、鼓励他就足够了，让他明白，你是支持他的，是他的港湾和后盾。

女人的美丽固然吸引人，但是再美丽，时间长了也会审美疲劳，而内外兼修的女人总是让男人欲罢不能。绩优股男人在外面风光无限，总能见到各种各样的女人，所以想要长久地抓住他的心，你除了外表，在内涵上也必须得跟上他的脚步，要不然等你青春美貌不再的时候，与他毫无共同语言，也没有其他的东西让他欣赏，你就失去了对他的吸引力。所以有时间的时候一定要多充实自己，对各方面的东西都要了解一些，尤其是与他事业相关的东西，更要知道，偶然让他刮目相看一下，他才会重新发现你的魅力。

随时修补，防患未然

男人可能有些花心，能在爱着你的同时对别的女人产生好感，但是他对你的感情通常还在，你可以在这段时间里吸引他的注意力，用你的温柔体贴来拉回他的注意力，防患于未然远比做一个看守老公的悍妇管用。不要等他们真的发生了什么，你再打老公保卫战，那样没有太多意义。

关注他的内心

当他成功时你看到的要不仅是他的财富与地位，还要看到他成功背后的落寞与疲惫，在生活上应该多关心他。想幸福、想过好点的生活本身没有错，在他努力拼搏的时候你应该保持一颗平和的心，在他困难时不要给他太大的压力，在他风光时不要洋洋自得，因为成功的背后也会有不顺利的情况出现。

在他困难时能够帮助他出些主意，男人在外面打拼很累，他们也希望能有一个有头脑的贤内助帮自己分担一些，其次不要因为眼前的失败就否定他的努力与能力，一味地抱怨自己的男友或丈夫，在失败的时候能够客观地看待事情，找出原因并想办法一起解决、面对，毕竟生活中有很多的东西是要共同承担的。

第十一章

掌握细节，
牢牢抓住男人心

爱情是女人的终身事业，男人自然就是这个事业中最核心的部分了，能够牢牢抓住男人的心，是大部分女人的梦想。谁不想有甜蜜的爱情、幸福的家庭？抓牢男人的心，掌握细节是关键，这一章就是要告诉你如何掌握细节去经营女人的事业——爱情、男人。

几种能抓牢
男人心的女人

温柔女人

女人的善良、温柔、勤勉最能打动男人的心。婚姻中的女人有了温柔这个利器，就可以带着男人走基本步了。寒冷的冬天，给爱人熬一锅热汤；温暖的阳光下，给爱人缝一粒钮扣——不要小看这些小事！你在这些小事上具有的能力和表达出的爱意会提升家庭的温暖度。即使你有钱请保姆，但你对丈夫的爱心是别人无法替代的。女人总是认为，男人一结婚就完全不像恋爱时那样对女人疼爱有加，其实男人也感慨：女人的温柔只肯献给刚谈恋爱时候的男人或献给怎么也套不牢的情人，如果你是她的老公，那就死了让她温柔待你的心吧。聪明的女人，万万不要忽略了温柔，因为温柔也是一道驯夫的杀手锏。婚姻城堡中的女人，你有多久没有温柔地跟他商量家事了？你是否也常常怀念自己从前小鸟依人的模样？当你"河东狮吼"地吩咐家里的男人做这做那，而他仍如聋子一样稳如泰山时，你是否该反省一下了？不如，把你献给初恋情人的"最是那一低头的温柔"也分一些给你身边那个被你喝来吼去的男人吧，没准儿，他也正渴望回到初相识时那段柔情似水的甜蜜时光。

知性女人

婚姻生活中，光付出是不够的。有些妻子抱怨自己在家任劳任怨，可为什么总不讨丈夫的好呢？男人的个性、脾气、修养各有不同，对妻子的要求也不尽相同。当你选择婚姻时，起码对所嫁的丈夫要有一个了解。做一个知性女人，不光了解丈夫的身体需要，更要了解他的精神需求。善解人意的女人，没有男人不喜欢。

浪漫女人

浪漫的女人最有风情，能让男人时刻有恋爱般的感觉，然而千万不要把你恋爱中的浪漫形式搬到婚姻中来，因为女人恋爱时很盲目，比如：有事没事给他打电话；牵着手在风中、雨中散步等。这样的话保证哪个婚姻中的男人都接受不了。恋爱中的女孩可以浪漫到昏天黑地，追求她的男人也不会计较。但在婚姻中的女人要浪漫就不能像小女孩时那么飘渺了。

会浪漫的已婚女人有一种深扎入骨子里的浪漫。或者说那是一种对美好和精致的追求。比如一个浪漫的妻子会在把家收拾整洁的同时，再去追求一份摆设的美感。平常，她不必天天去美容院，不必在家也精心着装，但外出时，尤其是在丈夫的朋友、同事面前，她一定是最优雅、最美丽的。"

聪明女人

要知道，有时候男人就像小孩子，他们可能对某些你看来不以为然的爱好痴迷。很多妻子都不理解，球赛有那么好看吗？收集一些奇奇怪怪东西真的那么有意思？不理解不要紧，男人似乎也不太奢求妻子能够和自己有共同爱好，但是一定要记得，对他的爱好要尊重，要支持，即使这个爱好你总觉得很可笑。当然要是能够了解一些，甚至能在他感兴趣的事上支持他一下，保证他会喜出望外，到时你的收获可是无法估计的，也许是浪漫的烛光晚餐，也许是他以后觉得跟你聊天是天大的乐趣，也许你会得到一份惊喜的礼物。

抓住老公的几大法宝

撒娇

撒娇是女人与生俱来的本性。从小时候起女人就掌握了这个法宝，当她犯了错误或者想要一个漂亮的洋娃娃的时候，拉着父亲的衣袖耍赖，再用漂亮的大眼睛眼泪汪汪地望着父亲，本来想斥责她的大人通常都会立即心软，只好温柔地安慰，本来不想答应的事儿，也遂了孩子的心愿。撒娇的作用很强大，可惜女孩子长大之后，就忘记了自己曾经拥有的超级武器。

别看男人在事业中一路拼杀，勇猛无比，其实在感情上他们也有着单纯的一面，柔弱娇媚的女人最能满足他们的大男人心理，此时的他们认为自己是顶天立地的英雄，保护与怜爱之心也空前高涨。

其实，撒娇和尊严没有关系，但是却和能力沾得上边。看那些在家庭和职场中都顺风顺水的女人，她们都非常懂得身为女人的秘密武器。男人需要一个女人在自己的面前撒一下娇，而女人也需要有一个男人可以让自己撒个娇，这是一件一拍即合的事情。有的女人就是看透了这件事情，所以她们就不继续扛着了，赏他个脸，自己也难得放松一下。要知道，几乎没有一个男人可以抗拒女人的撒娇，不管一个女人的年龄有多大，有时候任性或者"赖皮"一下，可以增加感情的"蜜"度。

在我们慢慢归于平淡的婚姻生活里，老婆适当地撒撒娇，是一种甜蜜的调和剂。那些能把娇撒得可爱而不矫情的女人，会让老公和自己都沉浸在一种永远恋爱的感觉里。不要担心自己不会撒娇，因为它是女人天生的武器，无须刻意去学，只要我们扔掉心里的包袱，将自己定位于一个需要宠爱的女人，自然就会唤醒老公心底的柔情。接下来，在爱情的滋润下，你的表现会越来越出色。

会嗲

嗲是一种方言，形容撒娇的声音和姿态。几乎所有的男人都喜欢发嗲的女人，也几乎没有一个会发嗲的女人在男人面前不受宠的。发嗲的女人，是因为知道自己的性别优势，会嗲的女人，是为了让男人知道女人的风情万种。发嗲，包括了一个女人的娇媚、温柔、情趣、谈吐、姿态等，是一系列显示女性柔弱、娇媚的魅力的举止。

自古以来，女人一嗲，男人骨头就软，会嗲的女人容易被宠、被怜、被爱。女人一发嗲，要求男人做什么事、干什么活、买什么东西，男人都绝对没有怨言。女人不用吵、不用闹、不用唠唠叨叨，也不必发号施令，只要在男人面前会发嗲，一切都会按照自己的心意来。会嗲的女人少生气，会嗲的女人少发愁，会嗲的女人整天活得开开心心、融融乐乐，眼角的皱纹自然不会生出来。

撒娇发嗲既可以给女人带来无数的好处，又有大受欢迎的广阔市场，再不加强这方面的修炼，你就落伍啦！很多女人认为，撒娇就是将声音拉高八度，然后把尾音拖得长长的，其实这种看法是不完全正确的，撒娇撒得好也是一门大学问，在不同的场合得有不同的技巧及方法，还得根据现场的情况把握好分寸。

嗲不需要长篇大论，通常只要一两个简单的语气词就行了，例如"咦、嗬、哟、咦嘻"，说的时候再配合肢体的动作，身体要放软，声音要放轻，不能有做作的痕迹。

发嗲一直是女人的特权，它虽是女人的小女人的一面，但也是很可爱的一面。嗲有时比静态的容貌更重要，一个语速平稳、语音硬朗的美丽女人的吸引力，往往比不过一个嗲声嗲气、相貌平平的女人。

喜欢受宠的女人，男人会更宠她

其实每个女人在恋爱的时候，应该都是被宠过。当她成为一个男人的妻子，她的作用不仅仅是为男人生儿育女、操持家务，还要有爱的能力，让男人心甘情愿爱你的能力。你一味地为他付出，他却未必领情。因为，男人需要的是一个能激起他征服欲、占有欲的女人。

很多女人从来意识不到自己应该扮演一个什么样的角色。对于自己的老公，她只知道对他好，只知道对他无怨无悔地付出，自己牺牲了青春牺牲了美貌，熬成了黄脸婆才发现，男人其实并不需要女人如此付出。

小女人想妩媚就妩媚，想撒娇就撒娇，稍不如意，悲从中来，眼泪如排山倒海奔涌而出，转身又会在男人的怀中破涕为笑，小女人是好哄的女人。小女人在梳妆之后，可以每天拽住老公问"你说我好看吗"，直到他说"你太好看了"为止才放他走。小女人可以伶牙俐齿，也可以用语夸张，但是绝对要把握好尺度，让男人觉得可爱而不厌烦。

更高层次的撒娇，不仅仅表现在某个动作、某种言辞上，它应该是一种全方位的气质。女性的温柔、情调、性情，都是她们表达爱、享受爱的贴身秘笈，再加上轻俏的姿态、流转的眼神，在男人眼里，这个女人就是世上最动人的。

"娇"女人面前不存在纷争

女人身上最具"杀伤力"的武器就是撒娇。撒娇不是蛮不讲理，而是用以柔克刚的技巧把自己的优势掩盖，以弱势来麻痹男人，让男人把你当成他生命中最柔软的那一部分，好好爱惜你，心甘情愿地好好待你。

从男人和女人的心理特点上来比较，男人与刚性相连，具有侵占和保护性，而女人与柔性相连，具有接纳和被保护性。如果女人身上需要被保护的特质逐渐消失，男人无法在女人的身上实现自己保护人的角色，那么不和谐也就应运而生了。当一个个钢铁女子在婚姻的围墙内纷纷倒下，惨败而归的时候，撒娇的艺术难道还不应引起女人的重视吗？

恰当运用柔弱的力量，任何坚强的东西都会被它摧毁。巧妙地运用撒娇，即使张飞型的丈夫也得甘拜下风。

也许有的妻子觉得不以为然："夫妻平等，谁都有自尊心，让我屈服在丈夫的辱骂与威吓之下，还要赔着笑脸，发挥什么'撒娇艺术'，开什么玩笑，我才不要！"要这么想，那你就错了，妻子先让丈夫一步，是为了不让战火蔓延，你们的一生长着呢，为什么着急什么论一时的输赢？

面对妻子温柔的退让，除非是那种不知好歹、缺乏智慧或与妻子没有感情的丈夫，否则都会在妻子的包容中败下阵来，并在妻子的潜移默化中，自动修正自己的不良情绪和过激行为，最后的胜利者还是会撒娇的妻子。

示弱不是处处迁就他，而是给他机会让他逞强，而这个机会就把握在女人的手上。聪明女人懂得在自己占据优势的地方给男人足够的空间扑腾，所以，越会示弱的女人，往往越自信。

用撒娇激发男人的进取心

男人面对竞争，面对越来越冷酷的世界，他们不得不坚强地面对一切。为了威严，他们不知道忍受了多少痛苦和失败。他们从来不把痛苦写在脸上，也从来不把失落带给家人。但是，他们却需要一种来自家庭的温暖来安抚他们的创伤，在艰难的人生旅途中获得轻松，感受到快乐。

这个时候，女人撒撒娇，把爱意蕴藏在憨态可掬的娇声娇气里，用自己孩子般的举止来衬托出男人的成熟、男人的风度，让他们的保护欲得以发挥。如此，他们就会重新认识自己，就会产生新的动力、新的生命力。

女人的娇柔能使男人迅速地成长，激发男人的本色，使他更像个男人。

单身的男性无论有多伟大，也仅止于自身而已，对别人是无需承担责任的。不过当他有了女人后还能意志坚定地征服一个女人的娇柔，那他才能成为一个真正的男人。在经历过这些后，男人会渐渐地长大。所以说，会跟男人撒娇的女人可以使男人成长，更能为男人招来运气；而能使女人撒娇并接纳女人撒娇的男人，才能成为真正的男人。

要诱人而不缠人

从不撒娇的女人太冷、太硬，这对夫妻关系是一种负面影响。但是如果把撒娇当成生活就有些过了，男性最欣赏的其实是那种外表妖娆、内心清醒的女子。

"恋"着你，就要"赖"着你，这在很多女性看来是天经地义的事。自动放弃对生活的主宰权，使很多女性在无意中失去自身最有吸引力的光芒，不自觉地沦为男性的附属品，这恐怕是多数女性的悲伤故事的最初起源。

我们普遍认为柔情似水、小鸟依人的女人总是能博得同情，招人怜爱。在这个生存压力巨大的社会中，女性的自立、自强、自主才真正是与时代发展顺应的优秀品质。过于依赖老公的话，最初的新鲜感一过，他会发现"娇娇女"给生活带来的无数麻烦，然后他的热情就会消退，把妻子看成一种负担。

女人向男人撒娇，无非是想博得他的行动或是语言上的怜爱，如果他已经有所表示，那聪明的女人要懂得见好就收，若是得了甜头还不收手，继续一味地胡搅蛮缠下去，一两次可能还会奏效，时间一长，恐怕他会认为你太不讲理，太难伺候，从而心生厌烦。

男人喜欢宠爱自己心爱的女人，但并不意味着你可以永远予取予求，不懂体谅，总有一天你会将爱你的男人逼开。

"野蛮女友"固然可爱，要注意尺度

随着80后、90后的成长，谈情说爱也从以前的相敬如宾、温情款款变成了野蛮女友式的火辣。双手叉腰、拳打脚踢也自有一番独特的魅力，男孩们似乎也很享受和野蛮女友的打情骂俏。有句老话不是说"打是亲，骂是爱"吗？

只不过在现代社会，女孩子有条件也更有底气对男人拳脚相向，而男人更加宽容罢了。只要在二人世界里有真感情，哪怕是打个天翻地覆，一对对欢喜冤家也散不了，生活还将甜蜜地继续。在这个大前提下，哪怕是女人的"施虐"成了一种时尚，而男人的"受虐"成了一种审美，这个世界也还是阳光灿烂。

不管女人如何野蛮，也还是在"男人很爱她"的大前提下的放肆，说到底，也不过是另一种形式的撒娇罢了。再怎么野，在爱人之间，也是一种愿打愿挨的游戏。

女人撒野撒好了也很可爱，但是要把"野蛮"控制在一个大家都可以接受的范围内。试想，女孩娇嗔着用小粉拳捶打男孩，是多么的有风情。但是要是拿出拳击的力道，打得男孩呲牙咧嘴，这个场景就不那么美妙了。

做个性感小妖精

如今这个时代，找个好老公可真难，找个一辈子爱你不变心的老公就更难了。其实人本来就是个喜新厌旧的动物，要想婚姻美满幸福，每天都要为爱充电。女人必须学会调戏自己的老公。女人过去被束缚太多，总以为做妻子就应该端庄、撒娇、勾引都是狐狸精才用的招式。其实完全错了啊，男人爱狐狸精不就是因为这点吗？所以本着拿来主义，淑女也要变成一个性感的小妖精，拿勾引老公当乐趣，其实这是一件双赢的好事，老公开心，自己觉得自己有魅力，两人的感情就更好了。

保健按摩

睡前来个按摩是个不错的准备活动，可以穿得清凉点，然后用很肉麻的口气喊："老公，我腰疼，帮人家揉揉腰嘛，这儿、这儿，不对啊，这儿……哎呀，不是这儿啊。"当然按摩的时候再配上娇柔、暧昧的呻吟声就更完美了。

色情笑话

男人对色情笑话总是有偏爱的，当然由和自己肌肤相亲的女人说出来味道就不一样了。有机会给老公讲个色情笑话，需要应时对景才不显得突兀，当然要是不好意思说出来，用短信也可以。

暧昧的举止

用口红在肚子上、乳房上画上心形，给老公惊奇，或者在老公的衣服上、胸口上印个唇印，或者干脆在胸口涂点酸奶、蜂蜜什么的再把它舔掉，然后用带点暧昧的笑容说："人家帮你保养一下皮肤嘛。"

学点舞蹈

没事看看钢管舞之类的激情热舞吧，要知道女人的柔软腰肢是非常有魅力的，哪天当他在听音乐时，就可以随着音乐跳一段钢管舞或者脱衣舞给他看，姿势当然是越撩人越挑逗越好，时而拿他当钢管当然也是不错的选择。

性感内衣

要多预备一些性感内衣、丝袜之类的情趣用品，要知道男人对视觉诱惑的重视程度，看看性感内衣的销量就知道了。

高科技的妙用

现在拍照手机、聊天软件的盛行，也是你调戏老公的好武器。无聊时到厕所偷偷拍个制服诱惑的照片发给老公，说不定让正在开会的他已经开始幻想晚上回家怎么"修理"你了。万一两个人不在一起的时候，用QQ、MSN之类的软件和他来次激情视频，既能慰藉彼此的相思之情，还能体验刺激，更能免得老公自己胡思乱想犯了错误，这可是一举多得的好事。

学会怎样
体贴男人吧

　　抓牢男人的心说难也难，说容易也容易。体贴一个男人，那就是把他当成你的爱人、情人、哥哥、朋友、父亲、孩子，把他当成你自己一样去爱护，成全了他的幸福，他才会成全你的幸福。爱他宠他，相信他不会让你失望的。

　　他和朋友出去喝酒、打牌，不要抱怨他把你一个人丢在家里，男人都愿意做风筝，只要线还在你手里，那么就放他去飞吧。请不要短信、电话步步紧逼，也不要问他为什么不带你一块前往。你不也会有女人们私有的空间吗？给彼此足够的空间才会有新鲜的空气。

　　男人都很懒很笨，尽管他爱你，但是不想费尽心丝讨好你，也总搞不懂你在想什么。所以，当你故意说不而他却真的走开时，请不要发誓一定要好好地惩罚他，要知道，一头雾水的他在此刻心里比你还要郁闷。如果你的他总不能领会你的意思，就明白地告诉他你到底需要什么，他会爱得轻松许多，否则男人会为无法取悦你而沮丧，你也可以得到你真正想要的，皆大欢喜。男人有时候需要女人给他强有力的当头一棒。

　　男人不管外表有多强大，骨子里都还是一个孩子。他在任性的时候不要对他大吼大叫，这对他不起作用，最有效的办法是陪他一起疯。等他平静后轻轻地告诉他你很爱他。

　　男人有时候很敏感，尤其是他生病的时候，他会因为你的忽视而伤心，觉得你不关心他。所以万一他生病了、受伤了甚至喝醉了，千万不要觉得男人小病小伤没什么，记得一定要体贴地照顾好他，他会像孩子一样向你撒娇，以后会更加依赖你。

男人都是不肯认错的，在他知道错的时候给他一个台阶下，他会知恩图报的。而你们吵架的时候，一定要给他机会认错，给他机会哄你，毕竟没有什么原则问题，彼此各让一步，你会发现原来并没有什么了不起的。

买一份礼物送给男人，可不一定非是贵的不可喔！再昂贵的礼物要是不对男人的胃口，否则只会让他摆在家中生灰尘而已。女人对男人偶尔的慷慨，会让男人感到意外与惊喜，只要你选对东西，这份礼物就能为你传达无限爱意。它会成为一份最佳爱的告白，一份投其所好的礼物，能表现你真正在意并留心他的生活，有时一张音乐CD、一本书都有这样的效果。

当你们已经相爱，那么就要对他信任，有什么想法就告诉他，不管他支持不支持。任何一个男子都希望他的女人依靠他。

在他的朋友面前，要给他十足的地位。面子对男人来说比什么都重要，不要介意在人前当个小女人，要知道小女人都是男人宠出来的，这不是正说明了你的幸福？

他在打游戏的时候，不论你有多急的事情，也不要直接去关他的电脑，最好是搂着他，在他耳边轻轻地细语。因为男人对游戏的执迷胜过你看一部精彩的肥皂剧。

男人每个月也有那几天跟女人差不多，也会突然的情绪低落。所以，当他的脸上写满疲惫、眼中充满厌倦时，请不要追问他怎么了，更不要哀怨地问他是不是不爱你了。要知道，时时刻刻的讨好，谁也做不到。此刻，不要再去问他怎么了，只要安静地陪在他身边就好。

每个人都喜欢被称赞，男人也是喜欢女人灌他迷魂汤的呦！当你说他很有礼貌时，即使他原本不是，都会因此变得有礼貌起来。对他说：见过你的朋友都说你很帅呀、穿着很有品味呀这一类的旁人佐证法，那就更有效了，你会发现他连尾巴都翘起来。男人能获得身边美人的称赞，就会让他有种飘飘然的幻觉，特别是当你身边的男人对你俩的爱情缺乏安全感时，认同他的想法，往往既直接又有效。

看看男人们希望
女人怎样对待他们

在他面临风险时，相信他的选择并支持他

"当我想辞职自己干时，我妻子就说：'想做就做吧！'她的支持给了我很大的勇气！"

了解男人不喜欢讲述每件与彼此不相干的事

"你的老公如果没有告诉你他公司的小李跟妻子离婚了，或者他的哥们换工作了。如果这些事与你俩无关，不要因为他不告诉你而觉得他不相信你。其实恰恰相反，大部分男人可能都会这样子。"

欣赏肯定他的幽默

"我们讲完笑话后希望听到一些笑声，即使这个笑话并不好笑。你的笑是一种肯定。虽然我们不是喜剧明星，哪怕你只是咯咯一笑，我们也会非常感激！"

如果他支持的球队输了，请让他一个人安静

"他其实不需要安慰，给他一点时间，让他一个人低落一会就好了。只是千万不要把他的冷漠误会成不爱你了而伤心哭泣。"

常常给他明确的提示

"如果你想让他听你说话或者爬在他肩膀上大哭一场来发泄情绪，事前给他一点简单提示，他一定会安静等地你发泄完，也不会因为你莫名其妙地哭泣而心里恼火。"

不要逼着男人说谎话

"你刚烫了新发型或者买了件新裙子，当你征求他的意见的时候，如果他回答的不是你期望的'太漂亮了'，一定不要因此生气。男人有时候并不喜欢撒谎，他认为你是真的在征求他的意见，他只是真实地说出自己的想法而已，并不能明白你为什么生气。"

经常热情地告诉他自己"需要"

"没有男人不喜欢和女人亲热，因为性的确是非常令人兴奋的事。听到你热情的召唤，我们会觉得自己很有魅力，并非常愿意给予你所期望的良好表现。"

抓牢老公的 魔鬼修炼守则

将老公身边所有女人的优点集于一身，这个老公还可能跑掉吗？

做个美丽的女人

美丽女人并非一定要是标准的漂亮脸蛋和身材，只要有一颗爱美的心即可。记得不管你多大年纪，都要对着镜子穿衣打扮自己，而且懂得如何搭配适合自己的衣服，了解他喜欢的风格。自己的睡衣、内衣更要讲究，毕竟这可是专门给自己的老公看的，跟给别人看的外衣不同，可以尽情的火辣、性感，让他永远有不同的感受。

做个慈爱的母亲

男人其实很需要有母亲照顾的感觉，尤其当他生病的时候，你要关心他的病情，他这时候可能会像小孩子一样撒娇不肯吃药，你就要准备好药督促他吃，像母亲一样关心他，让他感受到亲情，让他心里暖暖的。

做个娇俏的女儿

男人对女儿多半都是疼爱宠溺的，所以把自己当成他的女儿吧，尽情使用你的耍赖大法，直到把他磨得满足你的愿望为止，千万不要用生气逼迫他、威胁他。这样你不但没有了原本的兴致，他也会很不高兴。他赖床的时候你大可以用手指捏住他的鼻子让他用嘴巴呼吸，他被你这么一闹没办法再睡，就只好乖乖地起床了。他不肯陪你出去玩的时候，搂着他的脖子，可怜巴巴地看着他一副要哭的表情。

当自己有什么委屈时，像个小孩子般在他面前哭泣，以博取他的呵护和安慰。吵架时绝不说分手或者离婚，免得事后下不了台。尽量少发火、多流泪，让他心疼你。

做个浪漫的情人

做个好老婆不难，做个好情人也不难，但是，一个老婆要做得跟他的情人一样让他想念、让他迷恋，真需费点功夫。每个男人都喜欢温柔的女人，所以养成一见他就笑的习惯，和他说话的时候语气尽量温和。当他心情好的时候可以撒撒娇，把自己最近有的想法告诉他，或者最近有什么需要也可以提出，这时候男人都不会拒绝的。在他向你献殷勤满足你的要求之后要表现出特别兴奋的样子，亲他一口，并且说一句："老公你对我最好了！"虽然有些肉麻，可男人都吃这一套。

做个红颜知己

红颜知己是每个男人都渴望拥有的，为什么男人都想要？因为红颜知己贴心、温柔，了解男人的内心。老婆可能会无理取闹，或者觉得任何事都是理所当然，红颜知己就不会这样，所以学着做他的红颜知己。红颜知己不会霸道的要求他怎么做，而是温柔地和他商量。在男人工作、学习或者独自沉思的时候，不要用老婆的身份要求他关注你，而是给他空间，给他泡上他最爱喝的茶或冲一杯咖啡，温柔地吻一下他，然后转身出去。

做个半吊厨师

不要有大厨的手艺，那样也许你会把男人惯懒、嘴养刁，也不要完全不懂厨艺，务实的男人还是很喜欢在家吃饭的。只要凑合算个半吊子的厨师，不会做山珍海味，但是会做他喜欢的几道家常菜，尤其是要把他妈妈的拿手菜学到手。你的拿手菜和他妈妈的拿手菜，这样可是有双重保障的。当他出去吃饭总抱怨，这个还不如我老婆做的呢，他就会常常想起你，想快点回到你的身边。

聪慧与温柔兼备

没有一个男人可以逃出女人温柔的怀抱。但别只顾温柔，他很乖的时候，一定要把你最近有的想法趁这个时候告诉他，或者最近有什么需要的在此刻提出来。这样男人永远都不会拒绝的，撒撒娇，告诉他你想吃冰激凌……但你还要记得在他加班工作的时候去他的书房给他倒杯热茶，送去一碗面、一个荷包蛋，这样比你做任何家务都有效果。

给他一个爱你的理由

树立一个让他喜欢你的特有形象，女人总是要有自己的优势、特色的，男人才会爱你。你要是长得不美，就得有气质，若没气质，就得有才华，若是没才华，怎么也得性格好，若性格不好，那就得善良……反正要有一个你自己的特色，也给他一个爱你的理由。尤其是你的男人有了一定的经济基础再有几分成熟的魅力，免不了有许多女人会惦记。这样他万一面对狐狸精的质问，你老婆到底有什么好，你当初竟然会娶她时，免得让你的男人无言以对，说不定他就真的投入狐狸精的怀抱了。

吃醋的
学问

醋这个调料是饮食中必不可少的，但是多了太酸，少了无味，运用得恰到好处才能回味无穷。感情生活中的醋也是一样，用好了夫妻的感情生活一定是一道上好的佳肴。现实生活中爱"吃醋"的不仅仅是女人，男人也一样爱吃醋。

该不该吃醋

虽然总是有男人说，女人总是小心眼，动不动就吃醋，觉得女人吃醋不好。所以很多女人就认为男人不喜欢吃醋的女人，所以她们强忍着满腔的醋意，用内心的忍耐、宽容和大度来维持住表面的镇定。这种不吃醋只是女人们的一个外在表现，并不是真的不吃醋，少有女人不会吃醋。

其实这是一个误区，醋是一定要吃的，而且还得光明正大地吃、有智慧有技巧地吃，你只有把"醋"吃好了，你才能发泄自己的不良情绪，同时最本能地表达自己在乎对方的形式。女人不"吃醋"就等于放任别的女人入侵，而婚姻中适当的"醋意"却能形成一堵保护墙，把你和你的男人都守在里面，使你们的婚姻不至于轻易变质。

吃醋的程度

醋既然是调味品不是主食，自然是点到为止、恰到好处才行。微微一点酸，言语里加点醋意，不解气就偷偷掐他一把（当然这条要注意，用力要合适，轻了没用，掐疼了就过度了），让那个和美女聊天而忽略了老婆的家伙有所警惕。酸酸甜甜的滋味绝对让男人回味，他知道女人不高兴了，又给了他面子，以后他自然会收敛一些。但是不少女人的醋放得太多，只要发现男人有一点风吹草动，便会立马变成一个打翻了的醋坛子，酸水四溢，动不动就大哭流泪、呼天抢地，连男人的八辈子祖宗一起骂，甚至还会在男人的亲人、朋友甚至单位闹，这样固然能让男人胆寒，但也毫无爱你的心思了。记住过犹不及的古训，本来女人是在乎男人才吃醋的，结果最后却把男人推得更远了。这样一闹腾爱却变成了恨，甚至是夫妻双方无法挽回的人格侮辱和在亲友朋友中的影响，对婚姻是有百害而无一利。

吃醋的频率

大多数男人其实心里都希望自己的女人能吃点醋，女人的娇嗔能让男人觉得自己有魅力，是一种男人价值的彰显。但是喜欢归喜欢，偶尔吃几次可以，要是天天吃醋就消受不了了。虽然食物里的醋天天吃有好处，但是这个醋就不同了，男人普遍怕牙疼，女人就算是再有魅力，男人也会被酸到牙疼而退避三舍了。女人吃醋的频率还要看自家男人而定。男人好醋程度不同，碰到的事情也不一样，所以还是具体情况具体分析，只要被酸的男人接受得了就行。如果实在控制不了自己，那就学学改变吃醋的形式，如：前一次用了沉默不理人，这次就得用流泪，再下一次就要以向他诉说为主了。

吃醋的场合

场合这个东西很重要，女人都懂得什么场合穿什么衣服，但是不一定所有女人都知道不同场合吃醋的差别了。有些女人吃起醋来从不分场合，只要感觉哪里不对劲，就立刻发飙，不管有什么人在场，都毫不顾忌。这样不但让男人和自己下不了台，也让其他在场的人尴尬不已。其实这种做法是相当要不得的，不但损害了自己的形象，而且会给别人话柄和可乘之机，聪明的女人懂得给男人和大家面子，同时也是给自己面子，待没人或者是两个人在家的时候再"兴师问罪"，这样做才是应了"家丑不可外扬"和"息事宁人"的古训。不过有某些男人脸皮太厚没有自尊，完全拿自己身边的女人当空气，当面就和别的女人调情，这种男人就不在此列，可以狠狠教训，不必考虑。

吃醋的种类

其实吃醋也分很多种，有些醋并非是男人对别的女人怎么样，而是一些其他情况。这些问题要好好辨别，因为有些醋吃不得，吃了也没用。比如：觉得男人爱自己不像他孝敬父母、疼爱孩子那么深，男人喜欢玩游戏总是忽视自己……

有智慧的女人吃醋从来都是有所选择的，她们会根据现实情况和当时的情形利用她们的智慧做出筛选，判断哪些醋可以吃哪些醋不能吃。因为很多情况不适合吃醋，此时女人表现得越大度，男人越会觉得愧疚。该糊涂的时候要懂得装糊涂。

男人该抓就抓，该放就放

　　虽然这一章都说的是如何抓住男人心，如何获得美好的感情，虽然说女人在感情方面更敏感，也更明确自己的需求，在夫妻之间女人多用心去维持感情是应该的，但是总有些男人不领情不知足，干尽了伤女人心的事，还不知道悔改，毫无廉耻。此种男人没有什么抓的价值，赶紧放走，也算给自己一条全新的路。

　　这样的男人当初给你无限的惊喜和甜蜜的浪漫，但他是天生的情种，只要是朵花，不管是鲜花还是野花，美丽的带毒的，他都要去采，这是天性，不管他当初如何的许诺，也不管他现在如何每天在你耳边念叨着那句千年不变的动人之语，这都不能改变他的天性。因此，在你能抽身时，尽管果断地躲闪，就算你再怎么自信、有魅力，遇上这样的男人注定会失败。

　　他可能很会认错，永远承诺说绝对没有第二次，女人心一软就原谅了，然后可能就是第二次、第三次、第N次，直到女人崩溃或麻木为止。虽然有时男人的花心和无耻是主要原因，但是女人的纵容也是起着推波助澜的作用。

　　听说过太多的女人在爱情、在婚姻里迷失，因为经济原因，因为情感原因，因为孩子，总之有各式各样的理由，即使男人再花心，女人也不愿意放手。因为她觉得放手就是失败了，自己以前拥有的一切就全都没有了。而男人一放弃外面的女人回到家里，就被视为浪子回头，被视为负责任的好男人，妻子也为自己打败了外面的女人而洋洋得意。不管是女人还是整个社会都在纵容男人的外遇，他的错误根本就没有什么代价，又怎么能让他长记性？在这场外遇的战争里，男人永远都没有损失，男人保住了家庭、保住了财产，妻子也许因为担心他再出轨对他更加体贴，甚至可能因此还在他哥们的圈子里被人艳羡不已。损失的是两个女人，妻子损失了丈夫的爱，损失了这么多年对他的信任，对丈夫的感情也不再像以前那么纯粹，只能独自饮泣，还要装出一副深情的样子；外面的女人损失了身体，损失了情感，却换来被万人唾骂的下场。这样的好事，男人为什么不出轨，为什么不外遇？

也许女人还是太软弱了，总觉得离开了这个男人自己就什么也不是，总觉得自己爱他爱到心碎。其实大部分女人不过是在钻牛角尖，退一步，放手，也许更加海阔天空。

毕竟男人不一样，每个女人也不一样，也许有些男人值得挽留，有些女人做不到如此决绝，很多事情需要自己把握，让自己心情舒畅就好，具体的方法其实没有什么实际意义。